MATEMÁTICA

Anne Rooney

MATEMÁTICA

O QUE VOCÊ QUER SABER?

M.Books do Brasil Editora Ltda.

Rua Jorge Americano, 61 - Alto da Lapa
05083-130 - São Paulo - SP - Telefone: (11) 3645-0409
www.mbooks.com.br

Dados de Catalogação na Publicação

Rooney, Anne
Matemática/ Anne Rooney.
2020 – São Paulo – M.Books do Brasil Editora Ltda.

1. Matemática

ISBN: 978-85-7680-337-9

Do original: Think Like a Mathematician
Publicado originalmente pela Arcturus Publishing Limited

Editor: Milton Mira de Assumpção Filho

Tradução: Maria Beatriz de Medina
Produção editorial: Lucimara Leal
Editoração: Crontec
Capa: Isadora Mira

2020
M.Books do Brasil Editora Ltda.

SUMÁRIO

INTRODUÇÃO	O Que É Matemática na Verdade?	7
CAPÍTULO 1	Você Não Inventaria Isso... ou Será Que Inventamos?	15
CAPÍTULO 2	Por Que Temos Números?	23
CAPÍTULO 3	Até Onde Você Consegue Ir?	31
CAPÍTULO 4	Quanto É 10?	39
CAPÍTULO 5	Por Que É Tão Difícil Responder a Perguntas Simples?	51
CAPÍTULO 6	O Que os Babilônios Fizeram Por Nós?	63
CAPÍTULO 7	Alguns Números São Grandes Demais?	69
CAPÍTULO 8	De Que Serve o Infinito?	79
CAPÍTULO 9	Estatísticas São Mentiras, Mentiras Deslavadas ou Coisa Pior?	85
CAPÍTULO 10	Isso é Significativo?	93
CAPÍTULO 11	Qual o Tamanho do Planeta?	99
CAPÍTULO 12	A Linha Reta É Reta Mesmo?	107
CAPÍTULO 13	Gostou do Papel de Parede?	117
CAPÍTULO 14	O Que É Normal?	129
CAPÍTULO 15	Qual o Comprimento de um Pedaço de Barbante?	139
CAPÍTULO 16	Até Que Ponto Sua Resposta Está Certa?	149
CAPÍTULO 17	Vamos Todos Morrer?	157
CAPÍTULO 18	Cadê os Alienígenas?	167
CAPÍTULO 19	O Que Há de especial nos Números Primos?	175
CAPÍTULO 20	Qual É a Chance?	183
CAPÍTULO 21	Quando É Seu Aniversário?	191
CAPÍTULO 22	Vale a Pena Correr o Risco?	195
CAPÍTULO 23	Quanta Matemática a Natureza Sabe?	205
CAPÍTULO 24	Existem Formas Perfeitas?	211
CAPÍTULO 25	Os Números Estão Saindo do Controle?	219
CAPÍTULO 26	Quanto Você Bebeu?	227

O que É Matemática na Verdade?

A matemática está à nossa volta. Ela é a linguagem que nos permite trabalhar com números, padrões, processos e as regras que governam o universo. Ela nos permite entender nosso ambiente e modelar e prever fenômenos. As sociedades humanas mais antigas começaram a investigar a matemática quando tentaram acompanhar os movimentos do Sol, da Lua e dos planetas e construir prédios, contar rebanhos e desenvolver o comércio. Na China Antiga, na Mesopotâmia, no Antigo Egito, na Grécia e na Índia, o pensamento matemático floresceu quando as pessoas descobriram a beleza e a maravilha dos padrões feitos pelos números.

A matemática é um empreendimento global e uma linguagem internacional. Hoje, ela está por trás de todas as áreas da vida.

O comércio é construído sobre os números. Os computadores que integram todos os aspectos da sociedade funcionam com números. Boa parte das informações que nos são apresentadas diariamente é matemática. Sem um entendimento básico dos números e da matemática, é impossível saber a hora, planejar um cronograma ou até seguir uma receita. Mas isso não é tudo. Se não entender as informações matemáticas, você pode ser enganado e iludido — ou simplesmente sair perdendo.

A matemática pode ser recrutada com propósitos honrados ou nefastos. Os números podem ser usados para elucidar, explicar e esclarecer — mas também para mentir, obscurecer e confundir. É bom ser capaz de ver o que está acontecendo.

Os computadores tornaram a matemática bem mais fácil ao possibilitar alguns cálculos que antes ninguém pôde realizar. Você encontrará exemplos disso mais adiante neste livro. Vejamos o pi (símbolo ϖ, que define a relação matemática entre a circunferência de um círculo e seu raio): agora ele pode ser calculado com milhões de casas usando computadores. Os números primos (que só são divisíveis por um e por si mesmos) agora são listados aos milhões, novamente graças aos computadores. Mas, em certos aspectos, talvez os computadores estejam deixando a matemática com menos rigor lógico.

MATEMÁTICA PURA E APLICADA

A maior parte da matemática deste livro recai na categoria de "matemática aplicada", ou seja, a matemática usada para resolver problemas do mundo real, aplicada a situações práticas do mundo, como os juros cobrados num empréstimo ou a medição do tempo e de um pedaço de barbante. Há outro tipo de matemática que interessa a muitos matemáticos profissionais, a matemática "pura". Ela é estudada, com ou sem aplicação prática, para verificar aonde a lógica pode nos levar e para entender a matemática pela matemática.

Agora que é possível processar quantidades muito grandes de dados, podemos extrair, mais do que nunca, informações muito mais confiáveis dos dados empíricos (isto é, dados observados diretamente). Isso significa que mais conclusões nossas podem se basear, aparentemente com segurança, em olhar coisas em vez de calcular coisas. Por exemplo, podemos examinar montanhas de dados sobre o clima e então fazer previsões com base no que aconteceu no passado. Para isso, não precisaríamos de nenhuma compreensão dos sistemas climáticos; simplesmente partiríamos do que já foi observado, com o pressuposto de que, sejam quais forem as forças por trás, o mesmo acontecerá no futuro com um certo grau de probabilidade. Pode até dar certo, mas na verdade não é ciência nem matemática.

Olhar primeiro ou pensar primeiro?

Há duas maneiras fundamentalmente diferentes de trabalhar com dados e conhecimentos, e assim de criar ideias matemáticas. Uma começa com o pensamento e a lógica, a outra começa com as observações.

> **Pense primeiro:** A dedução é o processo de raciocinar com lógica usando afirmativas específicas para produzir previsões sobre casos individuais. Um exemplo seria começar com a afirmativa de que todas as crianças têm (ou tiveram) pais e com o fato de Sophie ser criança para deduzir que, portanto, Sophie tem (ou já teve) pais. Contanto que as duas afirmativas originais sejam verificadas e a lógica seja válida, a previsão será exata.

> **Olhe primeiro:** A indução é o processo de inferir informações gerais a partir de casos específicos. Se olharmos vários cisnes e descobrirmos que todos são brancos, podemos inferir daí (como já se fez) que todos os cisnes são brancos. Mas isso não é robusto; só significa que ainda não vimos um cisne que não seja branco (ver o Capítulo 10).

Estar certo e estar errado

Os matemáticos nem sempre estão certos, quer comecem com métodos indutivos, quer com dedutivos. Mas, em temos gerais, a dedução é mais confiável e foi consagrada na matemática pura desde sua origem com o matemático grego Euclides de Alexandria.

Como pode dar errado

Nossos ancestrais achavam que o Sol orbitava a Terra, e não o contrário. Como ficaria o movimento do Sol se ele girasse em torno da Terra? A resposta é: exatamente igual.

CADÊ O PLANETA? ACHOU!

Em 1845 e 1846, os matemáticos Urbain Le Verrier e John Couch Adams previram, de forma independente, a existência e a posição de Netuno. Eles usaram a matemática depois de examinar perturbações (distúrbios) na órbita do vizinho planeta Urano. Netuno foi descoberto e identificado em 1846.

O modelo de universo construído pelo antigo astrônomo grego Cláudio Ptolomeu (c. 90-168 d.C.) explicava os movimentos aparentes do Sol, da Lua e dos planetas pelo céu. Foi um método indutivo: Ptolomeu olhou os indícios empíricos (o que ele mesmo observou) e construiu um modelo que se encaixava.

Quando se tornou possível fazer medições mais exatas dos movimentos dos planetas, os astrônomos medievais e renascentistas imaginaram refinamentos ainda mais complexos da matemática do modelo geocêntrico do universo (centrado na Terra) de Ptolomeu para que se encaixasse em suas observações. O sistema inteiro virou um emaranhado horrível conforme coisas foram sendo acrescentadas para explicar cada nova observação.

A correção

Só quando o modelo foi derrubado em 1543 pelo astrônomo e matemático polonês Nicolau Copérnico, que pôs o Sol no centro do sistema solar, a matemática começou a funcionar. Mas nem seus cálculos estavam totalmente corretos. Mais tarde, o cientista inglês Isaac Newton (1642-1726) melhorou as ideias de Copérnico e fez uma descrição dos movimentos dos planetas matematicamente coerente, que não precisa de um monte de mexidas para dar certo. Suas leis do movimento planetário foram validadas pela observação de pla-

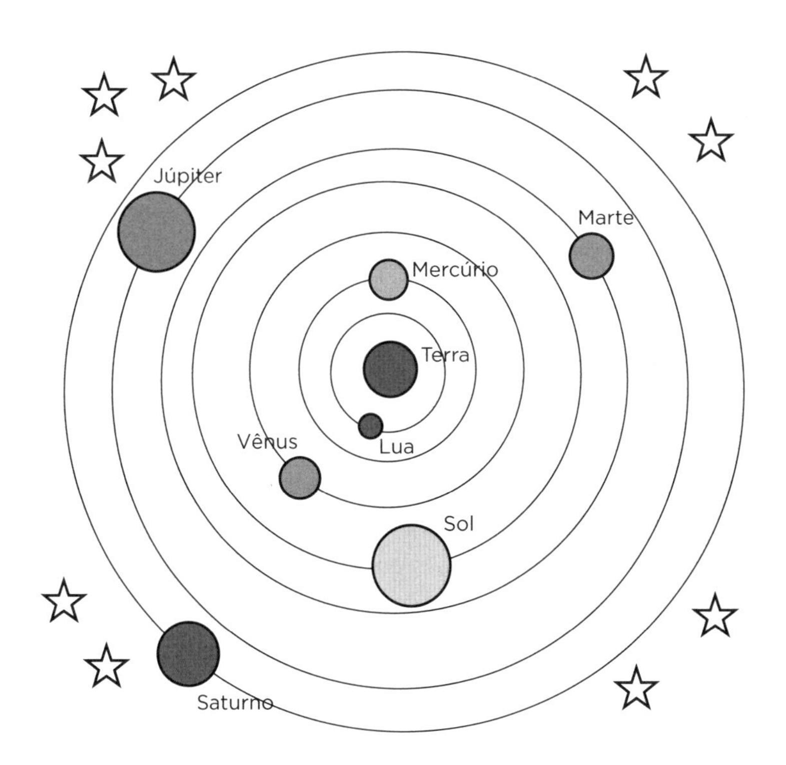

netas não descobertos quando ele estava vivo. A existência dos planetas foi corretamente prevista antes mesmo que eles fossem observados. Mas o modelo ainda não é perfeito; ainda não conseguimos explicar direito o movimento dos planetas externos usando o modelo matemático atual. Há mais a descobrir, tanto no espaço quanto na matemática.

Os paradoxos de Zeno

O descompasso entre o mundo em que vivemos e o mundo modelado pela matemática e pela lógica já foi reconhecido há muito tempo.

O filósofo grego Zeno de Eleia (c. 490-430 a.C.) usou a lógica para demonstrar a impossibilidade do movimento. Seu "paradoxo da flecha" afirma que, num instante qualquer, a flecha está numa posição fixa. Podemos tirar milhões de instantâneos da flecha em todas as suas posições entre sair do arco e chegar ao alvo, e num instante infinitamente pequeno ela está imóvel. Então, quando ela se move?

Outro exemplo é o paradoxo de Aquiles e da tartaruga. Se desse uma vantagem à tartaruga numa corrida, o veloz herói grego Aquiles nunca seria capaz de alcançá-la. No tempo que Aquiles levasse para percorrer a distância até a posição original da tartaruga, esta teria se deslocado. Isso continuaria acontecendo, com a tartaruga percorrendo distâncias cada vez menores enquanto Aquiles se aproximava, mas ele nunca conseguiria ultrapassá-la.

Esse paradoxo trata a continuidade do tempo e da distância como uma série de momentos ou posições infinitesimais. Logicamente coerente, ele não combina com a realidade que vivemos.

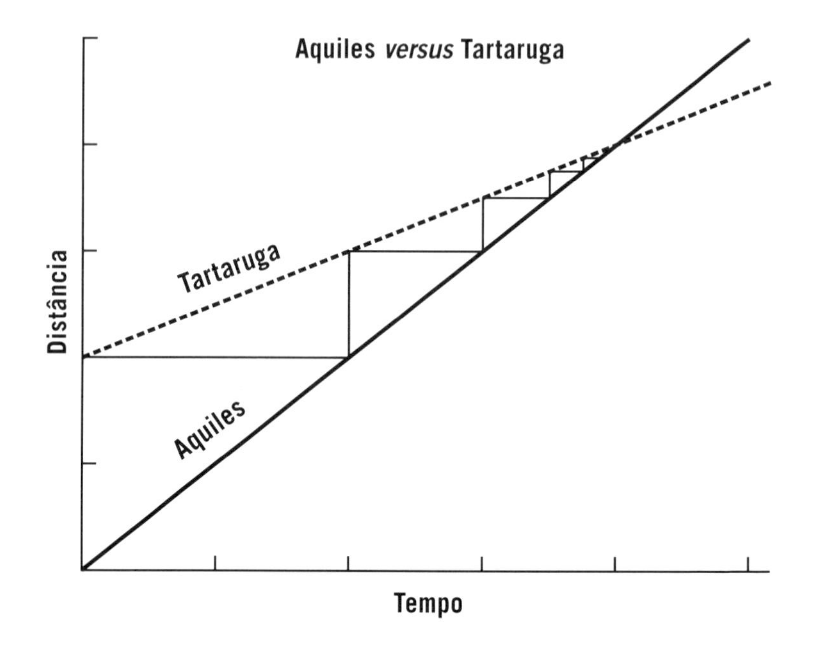

CAPÍTULO 1

Você Não Inventaria Isso... ou Será que Inventamos?

A matemática está por toda a parte, esperando para ser descoberta? Ou a inventamos inteiramente?

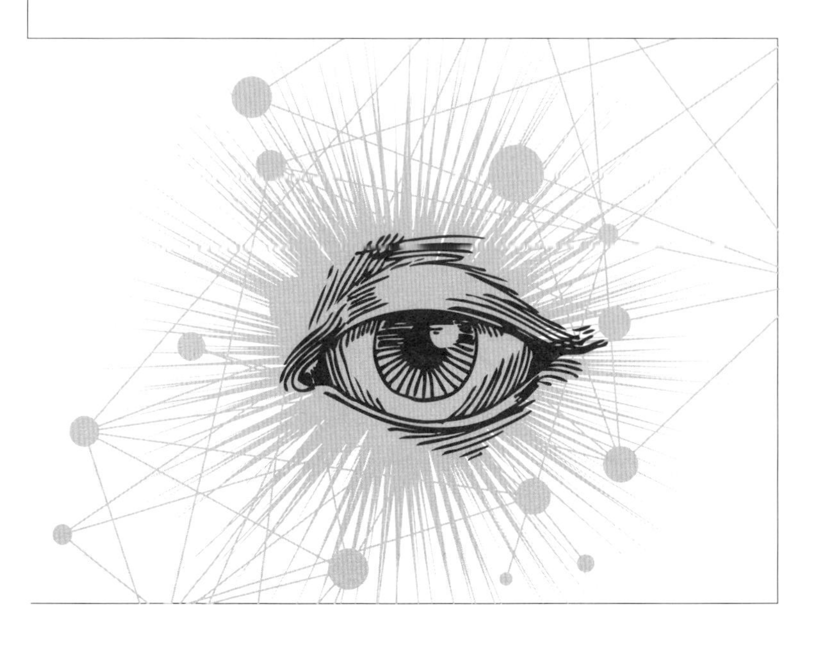

Se a matemática foi descoberta ou inventada é tema de debate desde a época do filósofo grego Pitágoras, no século V a.C.

Duas posições — se você acredita em "dois"

A primeira posição afirma que todas as leis da matemática, todas as equações que usamos para descrever e prever fenômenos, existem independentemente do intelecto humano. Isso significa que o triângulo é uma entidade independente e que seus ângulos realmente somam 180°. A matemática existiria mesmo que os seres humanos nunca surgissem e continuará a existir muito depois de sumirmos. O matemático e astrônomo italiano Galileu era dessa opinião de que a matemática é "verdadeira".

> ***"A matemática é a linguagem com que Deus escreveu o universo."***
>
> Galileu Galilei

Está lá, mas não podemos ver direito

O antigo filósofo e matemático grego Platão propôs, no início do século IV a.C., que tudo o que vivenciamos pelos sentidos é uma cópia imperfeita de um ideal teórico. Isso significa que todo cachorro, toda árvore, todo ato de caridade é uma versão um pouco capenga ou limitada do cachorro, árvore ou

ato de caridade ideal, "essencial". Como seres humanos, não podemos ver os ideais, que Platão chamava de "formas", só os exemplos que encontramos na "realidade" cotidiana. O mundo que nos cerca tem defeitos e muda o tempo todo, mas o reino das formas é perfeito e imutável. De acordo com Platão, a matemática habita o reino das formas.

Embora não possamos ver diretamente o mundo das formas, podemos abordá-lo pela razão. Platão comparava a realidade que vivemos às sombras lançadas na parede de uma caverna por figuras que passavam diante de uma fogueira.

Se estivesse na caverna virado para a parede (acorrentado, para não poder olhar para trás, no roteiro de Platão), você só conheceria as sombras e as consideraria realidade. Mas de fato a realidade é representada pelas figuras perto da fogueira, e as sombras são um mau substituto. Platão considerava que a matemática fazia parte da verdade eterna. As regras matemáticas estão por toda parte e podem ser descobertas pela razão. Elas regulam o universo, e nossa compreensão do universo depende de descobri-las.

E se inventamos tudo?

A outra posição principal é que a matemática é a manifestação de nossa tentativa de entender e descrever o mundo que vemos à nossa volta. Segundo esse ponto de vista, a convenção de que os ângulos do triângulo somam 180° não passa disso — uma convenção, como sapatos pretos serem considerados mais formais do que sapatos cor de malva. É uma convenção porque definimos o triângulo, definimos grau (e a ideia de grau) e provavelmente também inventamos "180".

Pelo menos, se foi inventada, a matemática tem menos potencial de estar errada. Assim como não podemos dizer que "árvore" é o nome errado da árvore, não podemos dizer que a matemática inventada esteja errada — embora a má matemática talvez não esteja à altura do serviço.

Matemática alienígena

> ***"Deus criou os inteiros. Todo o resto é obra do Homem."***
>
> Leopold Kronecker (1823–1891)

Somos os únicos seres inteligentes do universo? Vamos supor que não, pelo menos por um momento (ver o Capítulo 18).

Se a matemática foi descoberta, quaisquer alienígenas com pendor matemático descobrirão a mesma matemática que nós, o que tornará factível a comunicação com eles. Talvez a exprimam de um modo diferente — com outra base numérica, por exemplo (ver o Capítulo 4) —, mas seu sistema matemático descreverá as mesmas regras que o nosso.

Se inventamos a matemática, não há nenhuma razão para que alguma inteligência alienígena invente a mesma matemática. Na verdade, seria até surpresa se inventassem — talvez a mesma surpresa se falassem chinês, acádio ou baleiês.

Afinal, se for simplesmente um código que usamos para nos ajudar a descrever a realidade que observamos e trabalhar com ela, a matemática é semelhante à linguagem. Não há nada que faça da palavra "árvore" um significante verdadeiro do objeto que é a árvore. Os alienígenas terão uma palavra diferente para "árvore" quando a virem. Se não houver nada "verdadeiro" na órbita elíptica de um planeta ou na matemática da ciência dos foguetes, uma inteligência alienígena provavelmente verá e descreverá os fenômenos em termos muito diferentes.

Que incrível!

Talvez seja incrível que a matemática se encaixe tão bem no mundo que nos cerca — ou talvez seja inevitável. O argumento "é incrível" na verdade não sustenta nenhum dos pontos de vista. Se inventamos a matemática, criamos algo que descreva adequadamente o mundo que nos cerca. Se descobrimos a matemática, obviamente ela será adequada ao mundo que nos cerca, já que seria "certa" de um jeito que é maior do que nós. A matemática é "tão admiravelmente adequada aos objetos da realidade" porque é verdadeira ou porque foi projetada para isso.

Cuidado! Está atrás de você!

> ***Como a matemática, que, afinal de contas, é um produto do pensamento humano que independe da experiência, pode ser tão admiravelmente adequada aos objetos da realidade?***
>
> Albert Einstein (1879-1955)

Outra possibilidade é que a matemática pareça extremamente boa para representar o mundo real porque só olhamos os pedaços que funcionam. É parecido com ver coincidências como prova de algo sobrenatural. É, é mesmo espantoso você viajar nas férias para uma aldeia obscura na Indonésia e esbarrar com um amigo — mas só porque não está pensando em todas as vezes em que você e outras pessoas foram a algum lugar e toparam com um conhecido. Só notamos o que é notável; os eventos não notáveis não são notados. Do mesmo modo, ninguém pensa em culpar a matemática por não descrever a estrutura dos sonhos. Portanto, seria sensato coligir uma lista das áreas em que a matemática falha se quisermos avaliar seu nível de sucesso.

"A eficácia insensata da matemática"

Se a matemática foi inventada, como explicar o fato de que partes dela, desenvolvidas sem referência a aplicações no mundo real, explicaram fenômenos reais muitas vezes décadas ou séculos depois de sua formulação?

Como ressaltou o matemático húngaro-americano Eugene Wigner em 1960, há muitos exemplos de matemática desenvolvida com um propósito — ou sem nenhum propósito — que mais tarde se descobriu que descrevia com grande exatidão características do mundo natural. Um exemplo é a teoria dos nós. A teoria matemática dos nós envolve o estudo de formas complexas de nós com as duas pontas ligadas. Foi desenvolvida na década de 1770, mas hoje é usada para explicar por que os filamentos do DNA (material da herança) se soltam para se duplicar. Ainda há contra-argumentos. Só vemos o que procuramos. Escolhemos as coisas a explicar e escolhemos as que podem ser explicadas com as ferramentas que temos.

> ***"Como saber, se fizermos uma teoria que se concentre nos fenômenos que desdenhamos e desdenharmos alguns fenômenos que agora exigem nossa atenção, que não conseguiríamos construir outra teoria que tivesse pouco em comum com a atual mas que, mesmo assim, explicasse tantos fenômenos quanto a teoria atual?"***
>
> Reinhard Werner (n. 1954)

Talvez a evolução tenha nos preparado para pensar matematicamente e não possamos deixar de agir assim.

Teoria dos nós: o nó verdadeiro mais simples é o trifólio, ou nó simples, no qual a corda se cruza três vezes (3_1 a seguir). Não há nós com menos cruzamentos. O número de nós aumenta rapidamente depois.

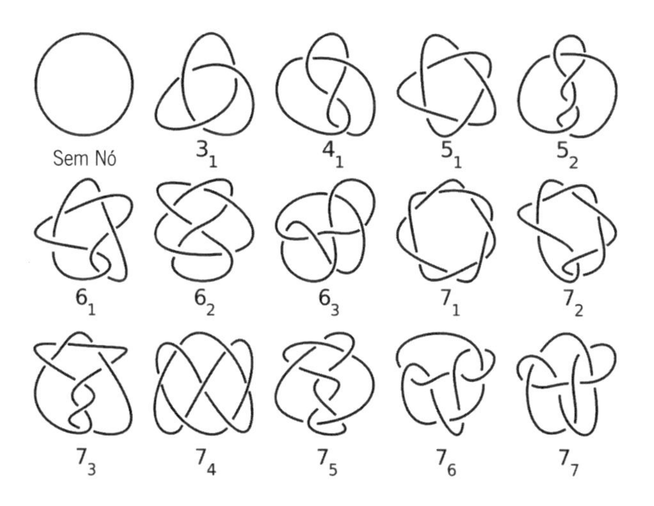

Isso importa?

Se você só trabalha com as contas da casa ou confere a conta do restaurante, não importa muito se a matemática foi descoberta ou inventada. Operamos dentro de um sistema matemático coerente que funciona. Portanto, de fato, podemos "manter a calma e continuar calculando".

Para os matemáticos puros, a questão tem interesse filosófico e não prático: eles lidam com os maiores mistérios que definem o tecido do universo? Ou brincam com um tipo de linguagem, tentando escrever os poemas mais elegantes e eloquentes que possam descrever o universo?

A "realidade" da matemática mais importa onde os seres humanos forçam as fronteiras do conhecimento e das conquistas técnicas. Se a matemática for inventada, podemos esbarrar nas limitações do sistema, e não seremos capazes de atravessá-las para responder a determinadas perguntas. Talvez nunca consigamos viajar no tempo, pular para o outro lado do universo ou criar a consciência artificial, simples-

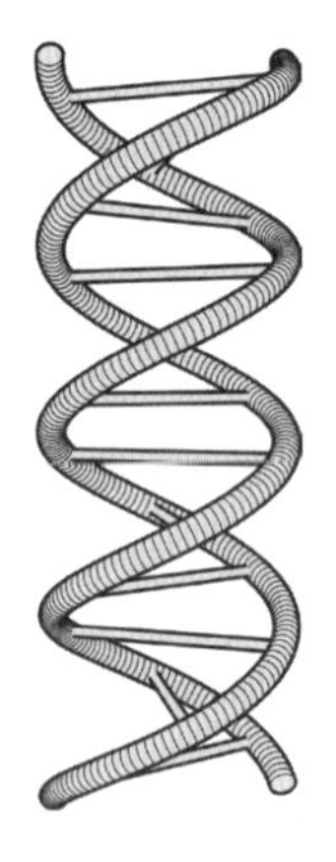

> ***"O milagre da conveniência da linguagem da matemática para a formulação das leis da física é uma dádiva maravilhosa que não entendemos nem merecemos."***
>
> Eugene Wigner

mente porque nossa matemática não está à altura da tarefa. Consideraremos impossíveis coisas que, com um sistema matemático diferente, poderiam ser perfeitamente fáceis.

Por outro lado, se a matemática foi descoberta podemos, potencialmente, descobrir toda ela e chegar à borda do possível, do que é permitido pelas leis físicas do universo. Seria bom, então, se a matemática fosse descoberta. Mas não conseguimos ter certeza.

UMA POSSIBILIDADE ASSUSTADORA

Uma possibilidade que geralmente não recebe muita consideração é que a matemática seja real mas entendemos tudo errado, assim como Ptolomeu entendeu errado o modelo do Sistema Solar. E se a matemática que desenvolvemos for equivalente ao universo geocêntrico de Ptolomeu? Poderíamos jogá-la fora e recomeçar? É difícil ver como isso seria possível, agora que já investimos tanto.

CAPÍTULO 2

Por Que Temos Números?

O entendimento dos números veio cedo no desenvolvimento da sociedade humana.

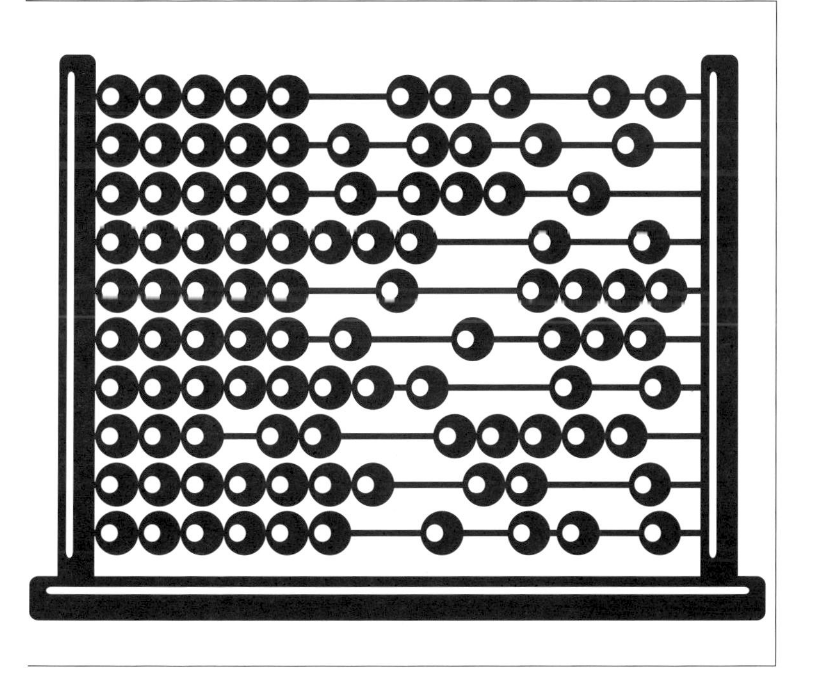

Estamos tão acostumados com os números que raramente pensamos sobre eles. As crianças aprendem bem pequenas a contar, e os números e cores estão entre as primeiras ideias abstratas que encontram.

Conta aí!

O primeiro envolvimento humano com os números de que temos notícia foi a conferência. Nossos antigos ancestrais conferiam seus rebanhos marcando uma varinha, pedra ou osso com um corte para cada animal, ou movendo pedrinhas ou conchas de uma pilha a outra.

Conferir não exige nomes para os números; não é o mesmo que contar. É um sistema simples de correspondência que usa um objeto ou marca para representar outro objeto ou fenômeno. Se você tiver uma concha para representar cada ovelha e jogar uma concha no pote a cada ovelha que passar, é fácil ver se, no fim, lhe restam conchas, ou seja, faltam ovelhas. Você não precisa saber que deveria ter 58 ou 79 ovelhas; basta procurar as ovelhas perdidas e jogar uma concha no pote cada vez que encontrar uma delas, até não restarem mais conchas.

Ainda usamos conferências para acompanhar os pontos de um jogo, registrar os dias de um naufrágio e em outras circunstâncias em que o número só é necessário no fim do processo. Contar vem depois de conferir.

Contagem 1, conferência 0

A conferência foi usada por várias culturas da Idade da Pedra durante pelo menos quarenta mil anos. Então, em algum momento, ter números com nomes se tornou útil.

Não sabemos direito quando a contagem começou, mas é fácil ver que, depois que as pessoas começaram a criar animais, seria mais útil dizer "sumiram três ovelhas" do que apenas "sumiram algumas ovelhas". Se você tem três filhos e quer uma lança para cada um, é mais fácil saber que tem de fazer três lanças e depois sair para procurar três varas fortes etc. do que fazer uma lança, dar ao primeiro filho, perceber que ainda há dois filhos sem lança, fazer outra lança e assim por diante. Depois que as pessoas começaram a comerciar, os números se tornaram essenciais.

Os primeiros números escritos conhecidos surgiram no Oriente Médio, na região de Zagros, no Irã, por volta de 10.000 a.C. Sobreviveram fichas de argila usadas para contar ovelhas. O símbolo de uma ovelha era uma bola de argila com um sinal + gravado. É claro que isso é ótimo quando se tem poucas ovelhas, mas precisar de 100 símbolos para 100 ovelhas seria complicado. Eles desenvolveram fichas com símbolos diferentes para representar 10 e 100 ovelhas, e então podiam contar qualquer número de ovelhas com menos fichas — até 999 ovelhas poderiam ser representadas com apenas 27 fichas (9 × 100 ovelhas; 9 × 10 ovelhas; 9 × 1 ovelha)

As fichas eram enfiadas num cordão ou assadas dentro de uma bola oca de argila. O exterior da bola tinha gravados os símbolos que mostravam o número de "ovelhas" lá dentro, e a bola podia ser quebrada para conferir o número se houvesse alguma disputa. Esses números no exterior das bolas de contar ovelhas são o sistema numérico escrito mais antigo que nos restou.

Invenção dos números

Muitos sistemas de numeração antigos se desenvolveram diretamente a partir das conferências e usavam um símbolo repetido para as unidades, um símbolo diferente para as dezenas e outro para as centenas. Alguns tinham símbolos para o 5 ou outros números intermediários.

O sistema de numerais romanos, conhecido pelo mostrador dos relógios e as datas de copyright que aparecem no fim dos filmes, começa com os riscos verticais de um sistema de conferência. Os números 1 a 4, originalmente, eram representados como I, II, III e IIII. X é usado para o 10 e C, para o 100. Os intermediários V (5). L (50) e D (500) tornam os números grandes um pouco mais curtos. Depois de algum tempo, surgiu a convenção de pôr o I antes do V ou do X para indicar subtração, e assim IV é 5 – 1 ou 4. IV é mais curto de escrever e mais fácil de ler do que IIII. Só se pode fazer isso dentro da mesma potência de dez, portanto IX é 9, mas não se pode escrever IC para 99, tem de ser XCIX (ou 100 - 10 e 10 – 1).

1	2	3	4	5	6	7	8	9	10
I	II	III	IIII mais tarde IV	V	VI	VII	VIII	VIIII mais tarde IX	X
11	**19**	**20**	**40**	**50**	**88**	**99**	**100**	**149**	**150**
XI	XIX	XX	XL	L	LXXX-VIII	XCIX	C	CXLIX	CL

Limitados pelos números

O uso de símbolos repetidos para representar unidades, dezenas e centenas extras torna os números desajeitados de escrever e dificulta a aritmética. Com um sistema como o romano de preceder um símbolo com outro a ser subtraído, não é possível nem somar apenas contando até o número total de cada tipo de símbolo: XCIV + XXIX (94 + 29) daria a mesma resposta que CXVI + XXXI (116 + 31) se só contássemos os C(s), X(s), V(s) e I(s). Embora os romanos dessem um jeito, o sistema tinha limitações claras: sua matemática era rígida demais. Todas as frações se baseavam na divisão por 12; não havia frações decimais — e você pode imaginar como seria trabalhar com conceitos complexos como as potências (ver o quadro na página 28) ou equações de segundo grau usando algarismos romanos sem símbolo para o número zero?

FRAÇÕES EGÍPCIAS

O antigo sistema de escrita egípcia usava hieróglifos (símbolos em imagens). Como no sistema romano, os egípcios usavam o acúmulo de símbolos. Também tinham uma forma de fração.

Para mostrar uma fração, o escriba egípcio desenhava o glifo de "boca" acima de um número de traços. Mas havia um problema. Esse método só permitia frações unitárias (1 sobre um número), e não era permitido repetir uma fração unitária. Ou seja, era possível representar ¾ (= ½ ¼), mas não frações como $^7/_{10}$.

A exceção era $^2/_3$, representado pelo glifo de boca sobre dois traços de tamanhos diferentes.

1/2 1/3 2/3 1/4

$$IV^{III} = LXIV$$

$$XIIx^{II} + IVx - IX = I - I$$

Não surpreende que a matemática romana não tenha se desenvolvido muito.

Notação posicional

O sistema numérico indo-arábico que usamos hoje só tem nove algarismos que podem ser reutilizados *ad infinitum*. Ele se desenvolveu lentamente na Índia a partir do século III a.C. e, mais tarde, foi refinado pelos matemáticos árabes antes de ser adotado na Europa. Nesse sistema, a classe de um número é indicada pela posição, e por isso a notação é posicional. O valor do algarismo aumenta quando ele se desloca para a esquerda. Esse sistema é muito mais flexível do que o romano.

POTÊNCIAS

Um número ao quadrado é um número multiplicado por si mesmo. Por exemplo, três ao quadrado é: 3×3.

Também podemos escrever 3^2.

Isso é lido como "três à segunda potência" e significa que multiplicamos dois números três.

Um número ao cubo é um número multiplicado por si mesmo mais uma vez, e três ao cubo é: $3 \times 3 \times 3$, que pode ser escrito 3^3, "três elevado à terceira potência". O número sobrescrito (o numerinho elevado) se chama potência ou expoente.

Números ao quadrado e ao cubo têm aplicações óbvias, por se relacionarem com objetos em duas e três dimensões. As potências mais altas são usadas na matemática, mas, a não ser que seja físico teórico, você provavelmente não pensará em mais dimensões no mundo real.

Milhares	Centenas	Dezenas	Unidades
5	6	9	1

Podemos fazer um número como 5.691 combinando:

5.000	(5 × 1.000)
600	(6 × 100)
90	(9 × 10)
1	(1 × 1)

Com a notação posicional, é possível representar até números muito grandes com um número pequeno de algarismos. Compare as representações romanas e árabes:

88	= LXXXVIII
797	= DCCXCVII
3.839	= MMMDCCCXXXIX

"De lugar em lugar, cada um é dez vezes o precedente."

Primeira descrição da notação posicional no método indo-arábico de contar. Ariabata, matemático indiano (476-550 d.C.)

Nada aqui: o começo do zero

A notação posicional funciona muito bem desde que haja um algarismo em cada posição. Se houver lacunas — nada na coluna das dezenas (308, por exemplo) —, como mostrá-las?

Deixar um espaço, como faziam os chineses, pode ser ambíguo, a menos que os números se alinhem cuidadosamente em colunas: 9 2 poderia ser 902 e também 9002, e há uma grande diferença entre os dois.

Um espaço também indicava uma coluna vazia nos números indianos, mas depois ele foi substituído por um ponto ou um círculo pequeno. Este recebeu o nome sânscrito de *sunya,* que significa vazio. Por volta de 800 d.C., quando adotaram os algarismos indianos, os árabes também usaram o marcador da lacuna e também o chamaram de "vazio" ou *sifr* em árabe — origem da moderna palavra "zero".

O uso mais antigo conhecido de um símbolo para o zero em números decimais é uma inscrição cambojana em pedra, datada de 683. O ponto grande significa 0 entre os algarismos 6 e 5, para denotar 605.

> ***Os nove algarismos indianos são: 9, 8, 7, 6, 5, 4, 3, 2 e 1. Com esses nove algarismos e com o signo 0 [...] qualquer número pode ser escrito."***
>
> Fibonacci, *Liber Abaci* (1202)

Os algarismos indo-arábicos chegaram à Europa por volta do ano 1000 d.C., mas vários séculos se passaram até serem universalmente adotados. O matemático italiano Leonardo Bonacci, mais conhecido hoje como "Fibonacci", promoveu seu emprego já no século XIII, mas os mercadores continuaram usando os algarismos romanos até o século XVI.

Até Onde Você Consegue Ir?

Nem todos os sistemas numéricos são infinitamente expansíveis.

Nosso sistema numérico é ilimitado: pode chegar a qualquer número que nos demos ao trabalho de imaginar, bastando acrescentar mais e mais algarismos. Nem sempre foi assim.

Números insuficientes?

Os sistemas de contagem mais simples são chamados de um-dois-muitos. Não oferecem um modo de fazer cálculos, mas permitem contar quantidades pequenas. Esse tipo de sistema tem palavras para 1, 2 e, às vezes, "muitos" (ou seja, um número grande e incontável). O sistema usado pelo povo san da África do Sul é montado numa série de 2 e 1. Sua utilidade se limita à quantidade de 2 que as pessoas conseguem acompanhar.

1 xa
2 t'oa
3 'quo
4 t'oa-t'oa
5 t'oa-t'oa-ta
6 t'oa-t'oa-t'oa

O idioma supyire, falado em Mali, tem nomes de números para 1, 5, 10, 20, 80 e 400. Os outros são construídos a partir deles. Por exemplo, 600 é *kàmpwòò ná kwuu shuuni ná béềshùùnni*, que significa 400 + (80 × 2) + (20 × 2).

Os toba, do Paraguai, usam um sistema com nomes para os números até 4, e depois passam a reutilizá-los de forma extravagante:

1	nathedac
2	cacayni ou nivoca
3	cacaynilia

4	nalotapegat
5 = 2 + 3	nivoca cacaynilia
6 = 2 × 3	cacayni cacaynilia
7 = 1 + 2 × 3	nathedac cacayni cacaynilia
8 = 2 × 4	nivoca nalotapegat
9 = 2 × 4 + 1	nivoca nalotapegat nathedac
10 = 2 + 2 × 4	cacayni nivoca nalotapegat

Esse tipo de sistema é bom para contar os filhos ou outras coisas que venham em quantidade relativamente pequena, mas tem limitações claras.

Um pequeno infinito

O infinito é considerado um número grande e incontável (ver os capítulos 7 e 8). Para os toba e os sul-africanos que usam a contagem 1-2-muitos, pode ser um número abaixo de 100. Numa sociedade não preocupada com a matemática abstrata, não há necessidade de erguer o padrão do infinito muito além do tamanho de uma família ou um rebanho.

Menos de zero

Nas primeiras contagens comuns, não havia necessidade de números negativos. Realmente, os antigos gregos desconfiavam muito deles, e, no século III d.C., o matemático Diofanto disse que uma equação como $4x + 20 = 0$ (que se resolve com um valor negativo de x) é absurda.

TAXONOMIA DOS NÚMEROS

Hoje, os matemáticos reconhecem várias categorias de números.

- **Os números *naturais sem o zero* são aqueles que começamos a aprender, os números com que contamos: 1, 2, 3 e assim por diante.**
- **Os números *naturais* são os números anteriores com o acréscimo do zero: 0, 1, 2, 3 e assim por diante. (Pode parecer um pouco esquisito: o que o zero tem de natural? Ele é a falta de um número, um buraco. Não importa, isso é puro matematiquês.)**
- **Os números *inteiros* são os naturais e os números abaixo de zero, ou negativos: ... −3, −2, −1, 0, 1, 2, 3 ...**
- **Os números *racionais* ou *fracionais* são os que podem ser escritos sob a forma de fração, como ½, ⅓ e assim por diante. Eles incluem os inteiros, que podem ser escritos como frações: $^1/_1$, $^2/_1$ etc. Também incluem todos os números entre os números inteiros que possam ser escritos como frações: 1½ pode ser escrito como $^3/_2$ etc. Todos os números racionais podem ser escritos como números decimais, periódicos ou não. Portanto, ½ é 0,5 e ⅓ é 0,33333...**
- **Os números *irracionais* são aqueles que não podem ser escritos como decimais nem expressos como uma razão entre dois inteiros. São decimais com cada vez mais casas, em sequências que não se repetem. Alguns exemplos são π, $\sqrt{2}$ e o número e, que no computador podem ser calculados com trilhões de casas decimais sem revelar a repetição de nenhum período.**
- **Números *reais*: todos os acima.**
- **Números *imaginários*: números que incluem i, definido como a raiz quadrada de −1. (Não vamos nos preocupar com esses.)**

Sem dúvida, o antigo fazendeiro conferente que notou que faltavam três ovelhas não precisou dizer que tinha −3 ovelhas; bastava dizer que faltavam três para completar o rebanho. Mas no comércio surgiu a necessidade de indicar dívidas. Se você tomasse 100 moedas emprestadas, o seu saldo seria de −100; se pagasse 50, o saldo ficaria − 50. Os números negativos foram usados com esse propósito na Índia desde o século VII d.C.

O primeiro uso conhecido dos números negativos é ainda mais antigo. No século III, o matemático chinês Liu Hui criou regras para a aritmética com números negativos. Ele usou varas de contagem de cores diferentes, uma para os ganhos, outra para as perdas, que chamou de positiva e negativa. A vara vermelha era para os números positivos e a preta, para os negativos — o contrário da convenção da contabilidade moderna.

Contar e medir

Embora muitas coisas possam ser contadas, nem todas podem ser contadas facilmente, e algumas não podem ser contadas de jeito nenhum. Na natureza, talvez haja mais coisas que não podem ser facilmente contadas.

Podemos contar pessoas, animais, plantas e um número pequeno de pedras ou sementes. Mas, embora em teoria possamos contar os grãos de trigo da colheita ou o número de árvores na floresta ou de formigas no formigueiro, é improvável conseguirmos. Essas são coisas que provavelmente mediríamos. Os seres humanos começaram a medir os cereais por peso ou volume há muito tempo. Algumas coisas só podem ser medidas dessa maneira: medimos o volume dos líquidos, o peso (ou a massa) das pedras e a área da terra (ver o Capítulo 15).

Ainda mais distante da contagem estão as escalas de medida arbitrárias, como a temperatura. As escalas mostram outro uso dos números negativos. A não ser que a escala comece em algum tipo de zero absoluto, o número negativo será útil. Os termômetros, sem dúvida, precisam de números negativos, tanto em graus Celsius quanto Fahrenheit. Os números negativos são necessários nos vetores (quantidades que também incluem sentido), porque exprimimos um sentido como positivo e o sentido oposto, como negativo. Se girarmos 45° no sentido horário, temos uma rotação positiva, mas se voltarmos 30°, será uma rotação de –30°. Os íons (partículas com carga elétrica) podem ter carga positiva ou negativa, e a carga que têm indica como reagirão com outras substâncias. Você pode encontrar números negativos cotidianamente, em circunstâncias como:

- Piso –1 num elevador: um piso abaixo do nível da rua, que é considerado zero.
- Um time de futebol com saldo negativo de gols — sofreu mais gols do que marcou.
- Altitude negativa, indicando que uma localização geográfica está abaixo do nível do mar.
- Inflação negativa (deflação), que mostra que os preços no varejo estão caindo.

Quem conta?

Embora pensemos na matemática como uma atividade unicamente humana, parece que alguns outros animais conseguem contar. Os cientistas constataram que alguns tipos de peixe e salamandra conseguem distinguir grupos de tamanho diferente, desde que a razão entre um e outro seja maior do que dois. Parece que as abelhas conseguem distinguir números até quatro. Lêmures e alguns tipos de macaco têm capacidade numérica limitada, e alguns tipos de ave conseguem contar o suficiente para saber se falta algum de seus ovos ou filhotes.

Esse tipo de sistema é bom para contar coisas em quantidade relativamente pequena, mas as limitações são claras.

OS NÚMEROS SÃO REAIS?

De todos os candidatos à realidade na matemática, os números naturais parecem ter a melhor pretensão. Até o matemático polonês Leopold Kronecker os aceitava.

Os números naturais parecem bastante saudáveis até que a gente olha com atenção, como se pudessem ser encontrados na natureza. Talvez três lobos passem correndo pela floresta. Esse é um evento do mundo natural que, aparentemente, funciona com números inteiros. Mas na verdade não podemos pôr uma fronteira rígida em torno de cada lobo. Sempre há átomos voando para fora do lobo, entrando e saindo dele; pegando mais elétrons por ficar com carga estática ao se esfregar em outro lobo; nem mesmo as suas células, na maioria, são realmente pedacinhos de lobo. Há uma entidade que é, aproximadamente, um lobo, mas ela muda o tempo todo. Podemos ir diminuindo cada vez mais até as partículas sub-atômicas; se acharmos alguma "coisa", será uma nuvem ou um pulso de energia que pode ou não estar numa posição específica a qualquer momento. Tudo difícil de contar.

Os números naturais serão o instantâneo de um momento? Quanto dura um momento? Como vamos medir? A medição de uma continuidade como o tempo é totalmente arbitrária. E, como mostram os paradoxos de Zeno (ver a página 13), se dividirmos o tempo em momentos cada vez menores, o resultado lógico não combina com a realidade que observamos.

CAPÍTULO 4

Quanto É 10?

Em geral, considera-se que dez é um a mais do que nove — mas não tem de ser.

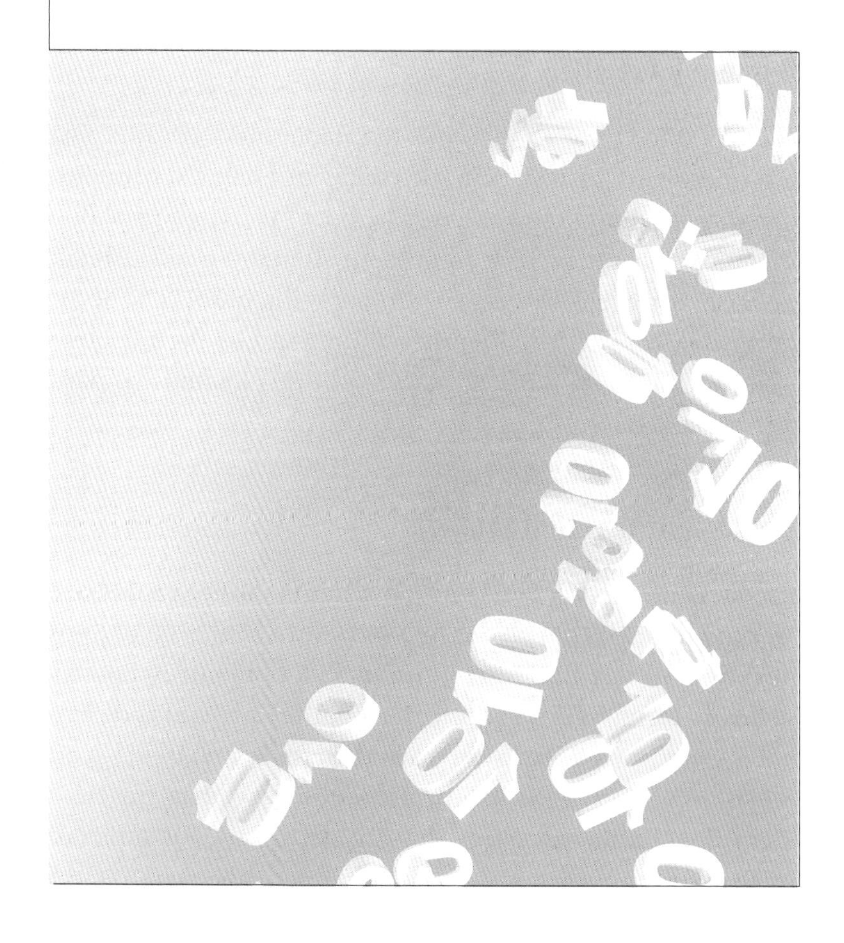

Dizemos que o nosso sistema numérico usa a base 10, ou seja, quando chegamos a nove, recomeçamos com 0 na coluna das unidades e 1 na coluna seguinte, que chamamos de "dezenas". Os números sucessivos usam dois algarismos, um representando as dezenas, o outro, as unidades. Quando chegamos a 99, ficamos sem algarismos para pôr nas duas casas e iniciamos outra coluna para as centenas.

Não é preciso ser assim; não há nenhuma regra que diga que 9 tem de ser o algarismo mais alto que podemos pôr numa coluna. Podemos usar mais ou menos algarismos.

O que é base 10?

A expressão "base 10" não nos diz nada; qualquer que seja o número em que pararmos de contar unidades, o primeiro que usar a coluna seguinte será sempre "10". Uma raça alienígena que conte na base 9 também chamará o seu sistema de base dez e não terá algarismo para, digamos, o "9" (0, 1, 2, 3, 4, 5, 6, 7, 8, 10). Realmente precisamos de um novo nome (e um novo rabisco) para o "10" que usamos só para dar nome à base.

Dedos, patas e tentáculos

Provavelmente desenvolvemos o sistema numérico de base 10 porque temos dez dedos, e isso facilita contar de dez em dez. Se, em vez dos seres humanos, as preguiças de três dedos se tornassem a espécie dominante, talvez elas desenvolvessem um sistema numérico de base 6 ou base 3 — ou mesmo base 12, se usassem os dedos das patas traseiras além das dianteiras. Num sistema de base 3, a contagem seria assim:

Base 3 — contagem de preguiça nº 1									
0	1	2	10	11	12	20	21	22	100
Base 6 — contagem de preguiça nº 2									
0	1	2	3	4	5	10	11	12	13
Base 10 — contagem de seres humanos									
0	1	2	3	4	5	6	7	8	9

Se os polvos se tornassem a espécie dominante, talvez contassem na base 8 (sistema octal). Na verdade, como são criaturas inteligentíssimas, podem mesmo contar na base 8, até onde sabemos.

Base 8 — contagem de polvo									
0	1	2	3	4	5	6	7	10	11
Base 10 — contagem de seres humanos									
0	1	2	3	4	5	6	7	8	9

10, 20, 60 ...

Nem precisamos mudar de espécie para ver bases diferentes em ação. Os babilônios trabalhavam com a base 60 (ver o Capítulo 6), e os maias usavam a base 20.

Os sistemas de contagem 1-2 usam a base 2. Usamos a base 12 em alguns sistemas de medição (12 polegadas num pé, 12 *pence* num xelim antigo, 12 ovos numa dúzia). Começar com o corpo humano também não significa que tenhamos de chegar à base 10.

Os oksapmin da Nova Guiné usam a base 27, derivada da contagem de partes do corpo, começando com o polegar de uma das mãos, subindo pelo braço até a cabeça e descendo pelo outro lado até a outra mão (ver a imagem abaixo).

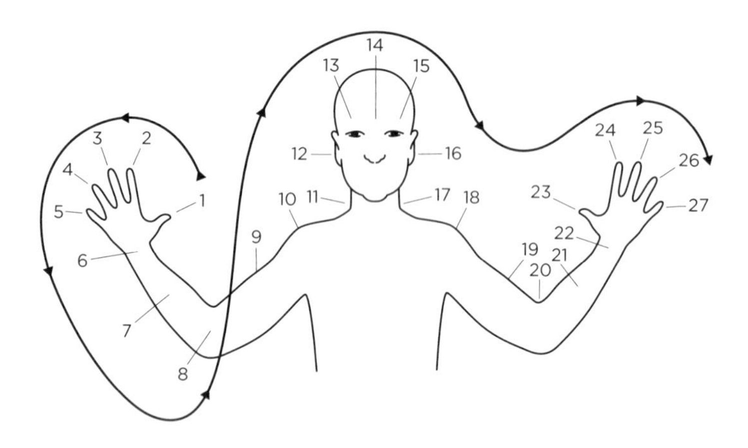

Contagem no computador

Não usamos a base 10 para tudo. Muitas tarefas de computação usam a base 16, chamada de hexadecimal. Como não temos algarismos para números acima de 9, as primeiras letras do alfabeto são cooptadas para representar os números 10 a 15 em hexadecimal.

Base 10 — contagem de seres humanos																
0	1	2	3	4	5	6	7	8	9	10	11	12	13	14	15	16
Base 16 — contagem de computador nº 1																
0	1	2	3	4	5	6	7	8	9	A	B	C	D	E	F	10

Talvez você tenha notado códigos como #a712bb para rotular as cores no computador. Esses são trios de números hexadecimais — a7, 12, bb —, que dão um valor para cada uma das três cores principais da luz — vermelho, verde e azul —, a partir das quais todas as outras cores são construídas no computador. Esses números, se convertidos em decimais (base 10), seriam 23 (a7 = 16 + 7); 18 (12 = 16 + 2); e 191 (bb = (11 × 16) + 15). O uso do sistema hexadecimal permite que números maiores (até 255 = ff) sejam armazenados com apenas dois algarismos.

Em última análise, todas as operações num computador se reduzem ao sistema binário, ou de base 2. Ele só usa dois algarismos, 0 e 1, e a contagem recomeça com uma nova casa sempre que chegamos a 2.

Base 2 — contagem de computador nº 2									
0	1	10	11	100	101	110	111	1000	1001
Base 10 — contagem de seres humanos									
0	1	2	3	4	5	6	7	8	9

O sistema binário permite que todos os números sejam representados por um de dois estados, ligado/desligado ou positivo/negativo. Isso significa que tudo pode ser codificado numa fita ou disco magnético pela presença ou ausência de carga.

Alerta alienígena

Se houver seres inteligentes em outro lugar do universo, o que parece bastante possível (ver o Capítulo 18), como eles contariam? Podem ter 17 tentáculos e contar na base 17. No entanto, é muito provável que, em algum momento, eles tenham descoberto e usado o sistema binário (supondo que os números não sejam apenas um construto humano). Talvez o sistema binário seja o modo como seremos capazes de nos comunicar com eles.

As placas fixadas no exterior das naves *Pioneer* (ver a imagem da página 48), lançadas em 1972 e 1973, mostravam os estados binários do hidrogênio, com spin eletrônico para cima e para baixo. A diferença entre os dois é usada como medida de tempo e distância e, por ser igual em qualquer ponto do universo, deveria ser reconhecida por uma civilização capaz de viajar pelo espaço.

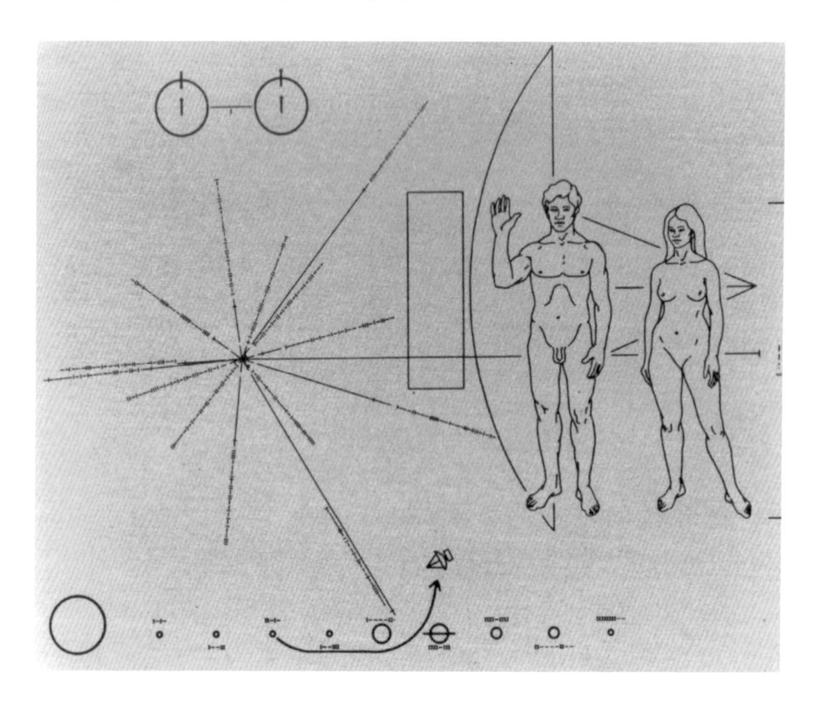

Todas as bases...

Há alguma outra maneira de contar? Pode parecer intuitivo pegar os números discretos como base de nosso sistema numérico, mas talvez haja outras maneiras de abordar os números. E se contássemos na base pi e tivéssemos uma cultura centrada em círculos? E se nosso sistema se baseasse em potências? Isso não é nada burro, pois se concentraria na diferença entre entidades de uma, duas e três dimensões — linhas, áreas e volumes. Para nós, é quase impossível imaginar como esses sistemas funcionariam, mas é similarmente impossível imaginar como o mundo ficaria se uma parte diferente do espectro eletromagnético fosse visível para nós. As abelhas enxergam a luz ultravioleta, por exemplo, enquanto as cascavéis enxergam a infravermelha. Não podemos excluir a possibilidade de que formas de vida diferentes de outros pontos do universo usem os números de uma maneira totalmente diferente ou nem usem.

Dar trabalho às bases: logaritmos

Um logaritmo é "o expoente ao qual temos de elevar uma base para obter um número específico". Soa confuso, mas não é tão difícil assim. A expressão:

$$y = b^x \Leftrightarrow x = \log b(y)$$

(não entre em pânico)

significa, usando alguns números como exemplo:

$$1.000 = 10^3, \text{ portanto } \log 10(1.000) = 3$$

Os logaritmos são uma boa maneira de lidar com números muito grandes porque os reduzem a números muito menores. Para multiplicar números, some os logaritmos. Para dividir números, subtraia um logaritmo do outro. Depois, deslogaritme a resposta.

Antes de usarmos calculadoras e computadores diariamente, as tábuas de logaritmos eram o modo de realizar cálculos complexos.

Poder fracionário

O que é um pouco mais difícil de entender é que um número possa ser elevado a uma potência fracionária — isto é, a uma potência que não seja um número inteiro. O logaritmo de 2 na base 10, $\log_{10}(2)$, é 0,30103, o que significa que $10^{0,30103} = 2$. Como um número pode ser multiplicado por si mesmo menos do que um número inteiro de vezes?

A matemática é uma coisa complicada.

É possível desenhar um gráfico das potências de 2, que ficaria como o da página 50. (Essa é a chamada curva logarítmica, e muitos gráficos seguem esse formato. A linha se aproxima do eixo y ($x = 0$), mas nunca o toca.)

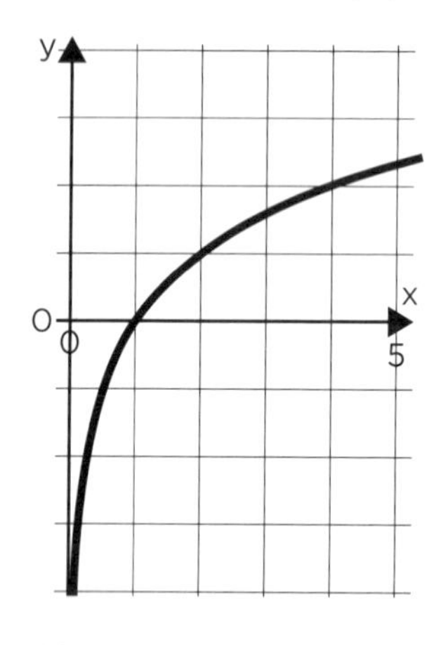

Depois de traçar o gráfico, você pode ler os valores que quiser, inclusive os valores aparentemente impossíveis de um número elevado a uma potência fracionária.

Todos os gráficos logarítmicos, não importa qual seja a base, cruzam o eixo x em 1, porque qualquer número elevado a zero é 1:

$10^0 = 1$
$2^0 = 1$
$15,67^0 = 1$

Claramente, os números também vão abaixo de 0. As potências negativas geram valores menores do que um, pois o sinal de menos nos diz para pôr 1 acima do número (o recíproco), formando uma fração:

$$2^{-1} = \frac{1}{2}$$
$$2^{-2} = \frac{1}{2^2} = \frac{1}{4}$$

E, caso você ache que os logaritmos precisam ter base 10, não, não precisam. Por exemplo, o logaritmo de 16 na base 2 é 4:

$$16 = 2^4, \text{ logo } 4 = \log_2(16)$$

Muitas aplicações da ciência, da engenharia e até das finanças usam os chamados "logaritmos naturais". São logaritmos de base e, que é um número irracional (um número com uma fração decimal infinita), que começa com 2,718281828459...

Tudo sobre e

O número chamado "e", ou número de Euler, é definido pelos matemáticos com a seguinte expressão assustadora:

$$e = \sum_{n=0}^{\infty} \frac{1}{n!}$$

Na verdade, é muito simples. Tudo isso significa:

$$e = 1 + \frac{1}{1} + \frac{1}{1x2} + \frac{1}{1x2x3} + \frac{1}{1x2x3x4} \ldots$$

e assim vai, até o infinito. O começo da sequência corresponde a:

$$e = \frac{1}{1} + \frac{1}{2} + \frac{1}{6} + \frac{1}{24}$$

$$= 1 + 1 + 0{,}5 + 0{,}1666... + 0{,}4166...$$

$$= 2{,}70826...$$

O logaritmo natural é indicado como $\log_e$ ou ln. Assim, $\log_e(n)$ é a potência à qual temos de elevar e para obter o número n:

$$e^{1{,}6094} = 5$$

logo

$$\log_e(5) = 1{,}6094$$

Talvez pareça inútil, mas isso é muito usado para calcular coisas como juros compostos. A fórmula para calcular juros compostos de um depósito de 1 dólar/libra/euro/real a uma taxa de juros anual R durante t anos é e^{Rt}. Se você investiu o dinheiro durante cinco anos a juros de 4%, depois desse prazo terá $e^{0{,}04 \times 5} = e^{0{,}2} = 1{,}22$. Se investiu 10 dólares/libras/euros/reais, terá:

$$10e^{0{,}04 \times 5} = 10e^{0{,}2} = 12{,}21$$

(O 0,01 a mais é apenas o próximo algarismo da resposta, que tem mais casas decimais do que podemos usar no dinheiro.)

USOS DE e: ARRANJE EMPREGO!

Em 2007, o Google espalhou cartazes em algumas cidades americanas dizendo:

"{primeiro número primo de 10 algarismos encontrado em algarismos consecutivos de e}.com"

Resolver o problema e digitar o endereço (7427466391.com) levava a um problema ainda mais difícil, e resolvê-lo levava à página do Google Labs, que convidava o geninho visitante a se candidatar a um emprego.

CAPÍTULO 5

Por Que É Tão Difícil Responder a Perguntas Simples?

É fácil fazer perguntas, mas difícil responder, se quisermos uma prova sólida.

Todos os números naturais pares podem ser expressos pela soma de dois números primos? Essa pergunta, que não parece muito importante para nós na vida cotidiana, soa enganosamente simples. O matemático amador prussiano Christian Goldbach desconfiou que todos os números naturais maiores do que 2 poderiam ser expressos como a soma de dois números primos. Em 1742, ele escreveu ao matemático Leonhard Euler, de fama internacional, e fez a proposta. É bastante fácil experimentar com alguns números e ver que parece dar certo:

4 = 2 + 2 (2 é o único número primo par)
6 = 3 + 3
8 = 5 + 3
10 = 5 + 5
12 = 7 + 5

E assim por diante.

7.614 = 7.607 + 7

e por aí vai.

Primeiro e primo?

Embora em alguns contextos "primeiro" e "primo" possam ser sinônimos, o número 1, na verdade, não é considerado um número primo. A definição de número primo o exclui: "qualquer número maior do que 1 que não tenha fatores além de 1 e de si mesmo". Há outras razões, cada vez mais complexas, mas vamos aceitar que 1 não é primo porque é muito especial.

Na verdade, Goldbach considerava que 1 era primo. Ele teve uma segunda ideia, hoje chamada de conjetura fraca de Goldbach, que afirmava que todo número ímpar maior do que 2 poderia ser expresso como a soma de três primos. Ela teve de ser reformulada para dizer todo número ímpar maior do que 5, para não termos de cooptar 1 para um papel que ele não tem mais permissão de exercer. (A conjetura fraca foi provada em 2013 pelo matemático peruano Harald Helfgott.)

Euler, tolamente, demonstrou desdém pela ideia de Goldbach. No fim das contas, embora Goldbach tentasse com muitos números e desse certo, ele não conseguiu provar sua conjetura. Na matemática, não basta que algo dê certo com todos os números que você tentar; é preciso haver provas.

A conjetura de Goldbach continua sem prova até hoje. Os computadores a testaram até 4×10^{18} (4.000.000.000.000.000.000), mas isso ainda não basta. E se houver um valor, por volta de $10^{2.000.000}$, para o qual não seja verdadeira? Teríamos sido levados enganosamente a considerá-la um teorema quando não era. E, embora o número $10^{2.000.000}$ não tenha nenhum uso prático, pois não existe nada com esse número no universo, isso é importante. Embora nunca seja suficiente para provar, experimentar pode servir para refutar (ver o Capítulo 10). Por essa razão, as várias tentativas não são um esforço desperdiçado.

Tudo é conjetura...

Na matemática, um teorema é uma declaração que pode ser provada. Se você não tiver provas de sua ideia — essa ideia pode ser um palpite, talvez algo sustentado por muitos exemplos — só é possível afirmar que seja uma conjetura. Mais tarde, se achar a prova, você pode promovê-la a teorema. Se outra pessoa achar a prova, geralmente dará seu nome ao teorema, mesmo que tenha sido pensado séculos antes.

Fermat conseguiu um truque elegante com seu chamado "último teorema" (ver o quadro abaixo), em que disse que tinha a prova, mas não espaço para escrevê-la. Quando a prova foi finalmente descoberta pelo matemático inglês Andrew Wiles, em 1993, o nome "último teorema de Fermat" continuou a ser usado porque Fermat afirmara ter a prova dele (e, de qualquer modo, o teorema ficou muito famoso com esse nome).

Como saber se ele tinha a prova? Talvez só não quisesse que fosse apenas uma conjetura.

O ÚLTIMO TEOREMA DE FERMAT

Em 1637, Pierre de Fermat rabiscou o seu "último teorema" na margem de um exemplar da *Aritmética* do matemático grego Diofanto. Ele afirma que não há três inteiros *a*, *b* e *c* (diferentes de 0) que possam satisfazer a equação $a^n + b^n = c^n$ para qualquer valor inteiro de *n* maior do que 2.

Isso significa que, embora possamos escrever, digamos, $3^2 + 4^2 = 5^2$ (9 +16 = 25), não podemos fazer o mesmo com nenhuma potência maior do que 2. Fermat anotou que tinha a prova, mas que ela não cabia na margem e, por isso, não a escreveu.

Você consegue provar?

> ***"Que [...] todo inteiro par é uma soma de dois primos, considero um teorema completamente certo, embora não consiga provar."***
>
> Christian Goldbach, carta a Euler (7 de junho de 1742)

Na matemática, pode ser dificílimo responder a perguntas simples devido à dificuldade de fornecer a prova. Goldbach disse que tinha certeza de que a sua ideia era verdadeira, mas não conseguia prová-la. Os computadores puderam demonstrar que é verdadeira para todos os números úteis e para uma boa quantidade de números bem além de úteis.

Na matemática, a prova é um argumento indutivo (e não dedutivo). Tem de se basear em outras provas que já estejam estabelecidas (teoremas) ou declarações autoevidentes, chamadas de axiomas. Assim, a prova se baseia em lógica e raciocínio. Cada passo numa prova tem de se basear em verdades conhecidas. Muito de vez em quando, se for possível examinar todas as possibilidades, a prova pode se basear no exame dos casos.

Por exemplo, se fizermos uma conjetura aplicável a todos os números pares entre 2 e 400, podemos examinar um número de cada vez e ver se atende às condições. Se atender, então teremos provado a conjetura e teremos um teorema — mas normalmente não é assim. Não podemos, com referência à conjetura de Goldbach, verificar todos os números pares, já que há uma quantidade infinita deles. Em vez disso, precisamos de uma prova na qual variáveis representem os números.

Euclides e aqueles axiomas

Já citamos brevemente aquelas "verdades evidentes por si sós" ou axiomas. O que faz de uma verdade evidente por si só? Para você ou para mim, talvez pareça uma verdade evidente por si só que 1 + 1 = 2, mas um matemático teria de provar que assim é antes que seja aceito.

Os axiomas são ainda mais básicos.

O matemático grego Euclides de Alexandria, que trabalhou por volta de 300 a.C., afirmou cinco axiomas (ou "postulados") no livro Elementos, geralmente atribuído a ele. (Aliás, *Elementos* é o livro mais duradouro já escrito sem ser um texto religioso; é usado para ensinar geometria há mais de dois mil anos.)

1. Dados dois pontos, é possível traçar uma linha reta entre eles. (Isso cria um "segmento de reta".)
2. Qualquer segmento de reta pode ser estendido indefinidamente, ou seja, você pode continuar encompridando uma linha sem limites. (Viu, há mesmo coisas que são verdades evidentes por si sós!)

3. Dado um ponto e um segmento de reta que comece nesse ponto, é possível traçar um círculo centrado no ponto com o segmento de reta como raio. (Esse soa mais difícil, até você visualizar. O ponto é onde você apoia a ponta seca do compasso. O segmento de reta é a distância em que você abre as pernas do compasso. Agora você pode girar o compasso e traçar o círculo.)
4. Todos os ângulos retos são iguais entre si.
5. Dadas duas linhas retas, trace um segmento de reta que cruze as duas. Se os ângulos feitos com as linhas, no mesmo lado, somarem menos de 180°, as duas linhas originais acabarão se encontrando. Isso soa complicadíssimo, mas significa que, se você tiver um desenho assim:

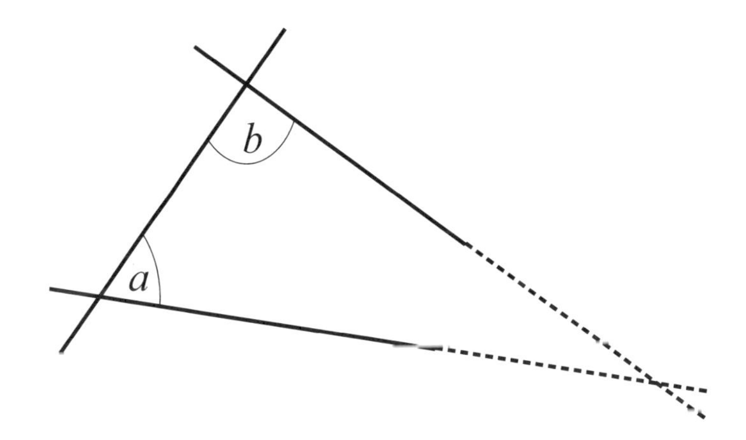

e a + b somar menos de 180°, então as linhas vão se cruzar e formar um triângulo.

Euclides também estabeleceu cinco "noções comuns":

- Coisas que são iguais à mesma coisa também são iguais entre si (ou seja, se a = b e b = c, então a = c).

- Se iguais forem somados a iguais, o resultado é igual (isto é, se a = b, então a + c = b + c)

- Se iguais forem subtraídos de iguais, o resto é igual (se a = b, então a – c = b – c)

- Coisas que coincidem entre si são iguais entre si.

- O todo é maior do que a parte.

Euclides estava interessado principalmente na geometria, e seus postulados tendem a esse uso. Recentemente, os matemáticos vêm tentando deixar os axiomas o mais livres de conteúdo e contexto que for possível.

Quando menos relação as afirmativas matemáticas tiverem com situações específicas, mais úteis serão em geral. No entanto, para o não matemático comum das ruas, quando menos úteis parecem, mais longe ficam de algo que lembre uma aplicação no mundo real.

Pôr à prova

Como funciona a prova? Vejamos um teorema muito conhecido, o de Pitágoras. Ele afirma que, se você elevar ao quadrado o comprimento de cada um dos lados de um triângulo retângulo, a soma dos quadrados dos lados menores será igual ao quadrado do lado maior. (Em geral, ele se exprime assim: "a soma do quadrado da hipotenusa de um triângulo retângulo é igual à soma dos quadrados dos catetos", que são os lados menores.)

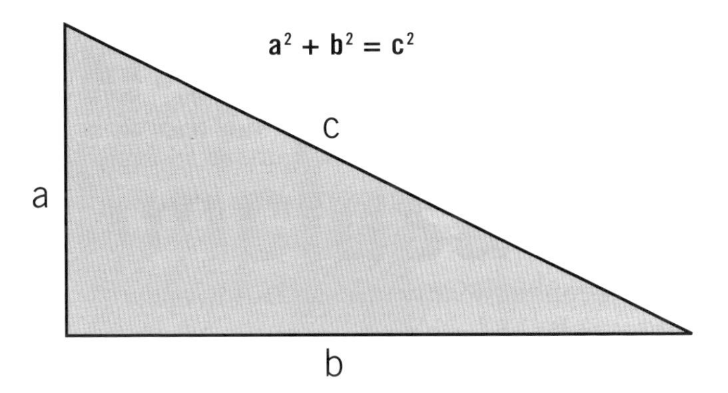

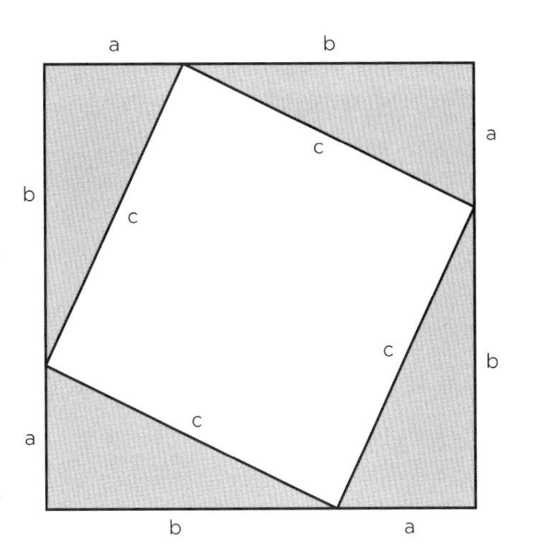

Como provar esse teorema? Há várias maneiras, mas por enquanto uma só resolve.

Primeiro, desenharemos um quadrado usando quatro triângulos iguais, em cinza à direita.

Os ângulos retos dos triângulos se tornam os vértices do quadrado. Portanto, agora temos um quadrado grande com um quadrado menor dentro. Talvez você já veja imediatamente a prova, só de olhar a ilustração. Cada lado do quadrado grande é dado por a + b, e assim a área toda do quadrado grande é:

$$A = (a + b)(a + b)$$

A área de cada triângulo pequeno é:

$$\frac{1}{2} \times ab$$

A área do quadrado no meio é:

$$c^2$$

Assim, temos duas maneiras de escrever a área do quadrado todo:

$$A = (a + b)(a + b)$$

e

$$A = c^2 + 4 \times (1/2 \times ab)$$

Expandindo as duas expressões, temos:

$$A = a^2 + 2ab + b^2$$

e

$$A = c^2 + 2ab$$

Portanto, podemos escrever:

$$A = a^2 + 2ab + b^2 = c^2 + 2ab$$

Tirando o 2ab dos dois lados:

$$a^2 + b^2 = c^2$$

Surpresa! Ou, mais formalmente, CQD (como queríamos demonstrar).

É porque conseguimos mostrar que é verdade usando as variáveis a, b e c para representar qualquer número que isso serve de prova e o teorema de Pitágoras pode ser chamado de teorema. Não precisamos experimentar com todos os triângulos concebíveis, porque a prova mostra que vai realmente dar certo com qualquer triângulo retângulo que inventarmos, seja grande, seja pequeno. O triângulo pode ter lados de um nanômetro e 40 bilhões de quilômetros, e mesmo assim será verdade.

Portanto, as perguntas difíceis são duras de responder porque "é óbvio", intuição ou indícios empíricos não bastam para convencer um matemático.

CAPÍTULO 6

O Que os Babilônios Fizeram por Nós?

A que horas você se levantou? Qual era o ângulo dos ponteiros do relógio? Qual é seu signo? Algumas convenções cotidianas são muito mais velhas do que você pensa.

Comece com 60

O sistema numérico babilônico se organizava em torno de 10 e 60. Embora se costume dizer que é um sistema de base 60, ele também usa 10 como marco intermediário (ver o Capítulo 4). Os babilônios só usavam dois símbolos para representar os números. Repetiam o símbolo da unidade (1) até nove e então usavam outro símbolo para o 10. Usavam os símbolos de 1 e 10 em conjunto até chegarem a 60, e então reusavam o símbolo de 1 numa posição diferente. Isso significava que, só com combinações de dois símbolos, eles conseguiam escrever qualquer número variando a posição.

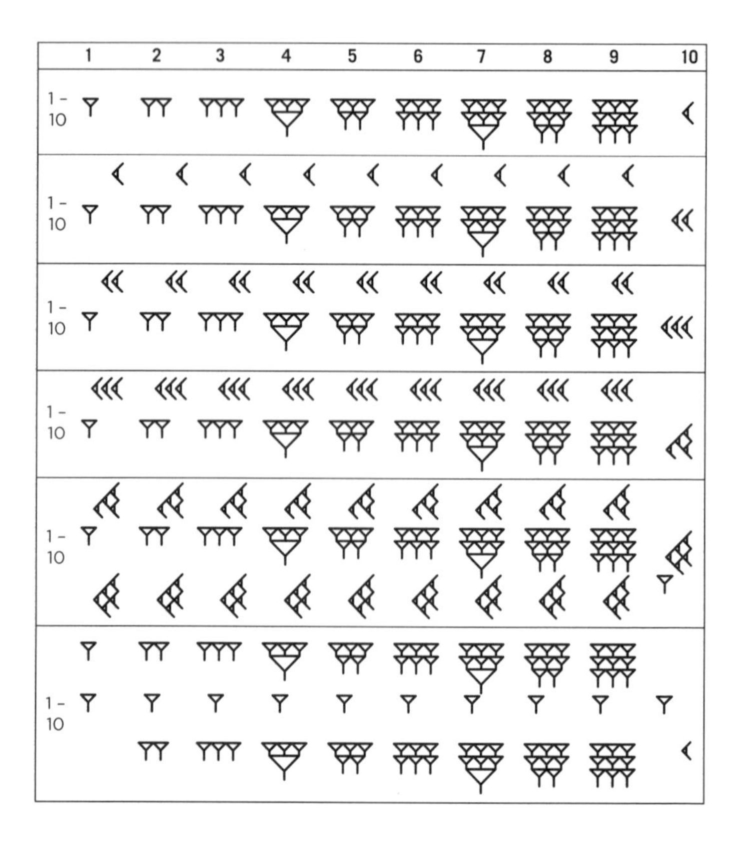

O lugar dos 60 podia ser usado até 59, e então outro lugar era usado para múltiplos de 3.600.

O espacejamento era fundamental. O número 𒁹𒁹 é 2 × 1 = 2, mas se houver um espaço entre eles, 𒁹 𒁹 , o significado é (60 × 1) + (1 × 1) = 61. Havia um zero, representado por uma figura inclinada, mas só podia ser usado para representar zero no meio de um número.

𒁹 = 60 × 60 = 3.600
𒁹 𒁹 = 3.600 + 60 = 3.660
𒁹 𒑱 𒁹 = 3.600 + 0 + 1 = 3.601

Segundos e minutos

A divisão da hora em 60 minutos e do minuto em 60 segundos vem do sistema numérico babilônico, embora os babilônios não pudessem medir o tempo com exatidão. Há 360 graus no círculo. Os graus, por sua vez, se dividem em 60 minutos, e estes em 60 segundos. Seria dificílimo expurgar o 60 de nossos sistemas agora, quatro mil anos depois. Ele está até entrando em sistemas novos que estariam além das fantasias mais loucas dos babilônios. A extensão do universo observável é medida em gigaparsecs (ver o Capítulo 15). A definição de parsec se baseia na divisão dos ângulos em 360° e as subdivisões de 60 minutos e 60 segundos.

Por que 60?

Sessenta é um número útil como base porque tem muitos fatores (2, 3, 4, 5, 6, 10, 12, 15, 20, 30). Um fator importante é 12 ($60 = 12 \times 5$), e os babilônios também o usavam muito. O que os babilônios (e, antes deles, os sumérios) começaram, os antigos egípcios continuaram. Eles dividiram o dia em doze horas — doze diurnas e doze noturnas. As horas tinham duração diferente nas várias estações do ano, pois o período de luz era dividido em doze partes iguais, e o período de escuridão em outras doze partes iguais (geralmente diferentes das primeiras).

Foram os antigos gregos que pensaram primeiro em ter horas de duração igual, mas suas ideias só pegaram mesmo na Idade Média, com o advento dos relógios mecânicos. Para os babilônios, que moravam bem perto do Equador, as horas não tinham duração muito diferente no decorrer do ano. Talvez se vivessem na Finlândia os babilônios tivessem escolhido horas iguais desde o princípio.

Os minutos e segundos foram adotados em 1000 d.C. pelo polímata árabe al-Biruni. O segundo foi definido como $^1/_{86.400}$ do dia solar médio. Mas não era possível medir o tempo com exatidão naquela época, e os minutos e segundos não foram relevantes para a maioria das pessoas durante muitos séculos.

Tempo e espaço

Minutos e segundos são usados para medir tanto os ângulos da geometria quanto os intervalos de tempo. O uso nos ângulos veio primeiro, e sua ligação com o tempo veio do uso de aparelhos circulares de marcar o tempo.

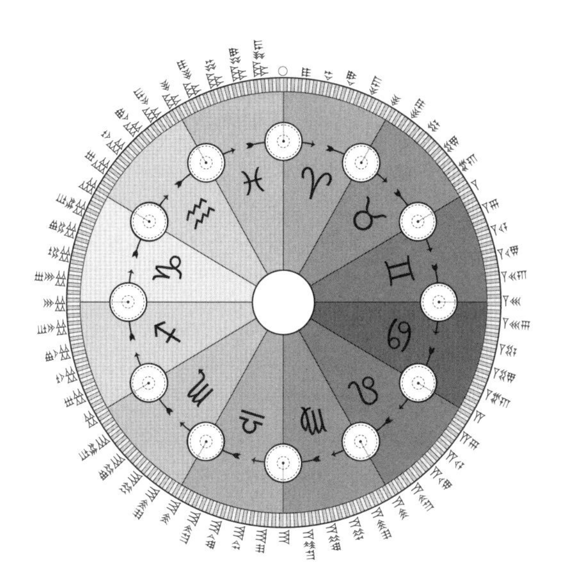

O astrônomo grego Eratóstenes (*c.*276 – *c.*194 a.C.) dividiu o círculo em 60 partes, numa versão antiga da latitude. Nesta, linhas horizontais passavam por locais bem conhecidos (embora num mundo conhecido muito menor). Cerca de cem anos mais tarde, Hiparco acrescentou um sistema de linhas de longitude que englobava 360° e ia de norte a sul, de polo a polo. Dali a mais uns 250 anos, por volta de 150 d.C., Ptolomeu subdividiu cada um dos 360° em segmentos menores. Cada grau se dividia em 60 partes, cada uma delas novamente subdividida em 60 partes menores. As palavras "minuto" e "segundo" vêm do latim *partes minutae primae*

ou "primeira parte mínima" e *partes minutae secundae* ou "segunda parte mínima".

Meia hora e um quarto de hora

No século XIV, os mostradores dos relógios eram divididos em horas, mas não em minutos. As horas eram divididas em quartos e metades, e é daí que vem a tradição dos relógios baterem nesses intervalos. A medição confiável dos minutos e sua inclusão comum nos mostradores de relógio vieram no fim do século XVII, com a invenção do pêndulo em 1690. Como o relógio tem mostrador redondo e a hora já era dividida em quatro, a decisão de dividi-la em 60 minutos foi totalmente lógica. Isso fazia com que cada minuto medisse 6° e cada segundo, 0,1° — embora fosse preciso um mostrador muito grande para mostrar os segundos de forma legível.

CAPÍTULO 7

Alguns Números São Grandes Demais?

Geralmente, os números são úteis, mas alguns são grandes demais para ter utilidade prática.

Quando pequeno, você pode ter se decidido a contar até um milhão. Se tentou, provavelmente desistiu muito antes de chegar lá.

Quanto tempo levaria? Se você contasse um número por segundo e não parasse para dormir, comer nem descansar de jeito nenhum, levaria onze dias e meio. Não é totalmente impossível. Se comesse, dormisse e trabalhasse um pouco menos da metade do tempo da tarefa numérica, poderia terminar em um mês. Se conseguisse, talvez pensasse em tentar um bilhão. Mas não seria uma boa ideia. No mesmo ritmo de um número por segundo, dia e noite, isso levaria 31 anos e oito meses e meio.

Na verdade, nunca entendemos direito a diferença entre números grandes; é fácil esquecer como aumentam depressa. Se você acha que contar até um bilhão seria um jeito chato de passar 31 anos, que tal contar até um trilhão? Levaria mais de 31.700 anos. Se tivesse começado no fim da última Idade do Gelo, você ainda estaria a um terço do caminho, por volta de 300.000.000.000.

No dia em que escrevi este capítulo, a dívida nacional dos EUA era de pouco mais de 18 trilhões de dólares. Realmente, esse "pouco" eram 171 bilhões de dólares, portanto nada pouco por si só. Vamos fingir que a dívida começou a se acumular cerca de 575.800 anos atrás, no ritmo de 1 dólar por segundo e juro zero. Os seres humanos ainda não tinham evoluído. Talvez um gliptodonte tenha emprestado o primeiro dólar.

DATA			DÍVIDA
575.800 anos atrás	Gliptodonte		$ 1

200.000 anos atrás	Seres humanos modernos		$ 11,86 trilhões
15.000 anos atrás	Seres humanos na América		$ 15 trilhões
9.650 anos atrás	Mamutes extintos nos continentes		$ 17,87 trilhões
4.485 anos atrás	Começa a construção das pirâmides no Egito		$ 18,03 trilhões
450 d.C.	Fim do Império Romano		$ 18,12 trilhões
1620	O *Mayflower* zarpa		$ 18.158 trilhões
1776	Os EUA conquistam a independência		$ 18.163 trilhões

Isso dá uma ideia de quanto é um trilhão, mas os trilhões são bem pequenos na tabela dos números grandes.

Poupar papel

Escrever números compridos — até mesmo bilhões e trilhões, coisa que economistas e banqueiros fazem todo dia — consome rapidamente área nobre de papel ou tela. Os números grandes também não são muito fáceis de ler; é preciso contar os algarismos antes de saber como chamar o primeiro deles. É fácil ver que o número seguinte é 2 bilhões:

2.000.000.000

Mas você conseguiria ler o número abaixo em voz alta sem parar para contar algarismos?

234.168.017.329.112

A notação científica facilita escrever números grandes. Em vez de escrever 1.000.000 para um milhão, escrevemos 10^6, ou dez elevado à sexta potência. Isso significa, simplesmente, 10 multiplicado 6 vezes por si mesmo:

10 × 10 × 10 × 10 × 10 × 10

10 × 10 = 100
100 × 10 = 1.000
1.000 × 10 = 10.000
10.000 × 10 = 100.000
100.000 × 10 = 1.000.000

Portanto, 10^6 é 1 seguido de seis zeros. Um bilhão é 10^9, ou 1 seguido por nove zeros. E um trilhão é 10^{12} — que é muito mais fácil de ler e escrever do que 1.000.000.000.000!

ilhões e [n]ilhões

O trilhão está bem longe do fim dos "ilhões". Temos:

Quatrilhão	10^{15}
Quintilhão	10^{18}
Sextilhão	10^{21}
Septilhão	10^{24}
Octilhão	10^{27}
Nonilhão	10^{30}
Decilhão	10^{33}
Undecilhão	10^{36}
Duodecilhão	10^{39}
Tredecilhão	10^{42}
Quattuordecilhão	10^{45}
Quindecilhão	10^{48}
Sexdecilhão	10^{51}
Septendecilhão	10^{54}
Octodecilhão	10^{57}
Novendecilhão	10^{60}
Vigintilhão	10^{63}
Centilhão	10^{303}

Para compreender os nomes

Parece esquisito o centilhão ter 303 zeros; não deveriam ser 100?

Os prefixos numéricos latinos (bi-, tri- e assim por diante) não mostram o número de zeros, mas quantos grupos extras de três zeros há num número além dos três zeros do milhar.

Portanto, um milhão (1.000.000) tem um grupo de três zeros além do milhar.

Um bilhão (1.000.000.000) tem dois grupos extras de zeros, por isso o prefixo bi-.

O trilhão tem três grupos extras de zeros.

O centilhão tem 100 grupos extras de zeros mais os três originais do milhar, dando um total de 303 zeros.

Até onde se pode ir?

Há dois números famosos que não entram na sequência dos ilhões: o gugol e o gugolplex. Um gugol é 1 seguido de 100 zeros. Pelo menos, podemos escrevê-lo:

10.000.000.000.000.000.000.000.000.000.000.000.000.000.000.000.000.000.000.000.000.000.000.000.000.000.000.000.000.000.000.000.000.000.000.0 00.000.000

O gugolplex é um número inimaginavelmente grande: 10 elevado à potência de gugol. Escreve-se 10^{gugol}. As palavras “gugol” e “gugolplex” foram inventadas por Milton Sirotta, sobrinho de 9 anos do matemático americano Edward Kasner. Sua primeira descrição do gugolplex era 1 seguido de todos os zeros que a pessoa conseguisse escrever antes de não aguentar mais.

O gugolplex é tão grande que imprimi-lo levaria mais tempo do que toda a história do universo e usaria mais do que toda a matéria do universo para produzir a impressão. Com números de 10 pontos (tamanho das letras do jornal), a impressão também seria 5×10^{68} mais comprida do que a maior distância do universo conhecido.

Em termos práticos, o gugolplex pode muito bem ser descrito como 1 seguido do maior número de zeros que você consiga escrever antes de ficar cansado, pois é um número inteiramente inútil, pelo menos neste universo.

Até o gugol é mais do que precisamos com quaisquer fins práticos. O número de partículas elementares (isto é, subatômicas) no universo é estimado em 10^{80} ou 10^{81}. Como até um gugol é 10.000.000.000.000.000.000 vezes isso — o número de partículas subatômicas em 10 quintilhões de universos como o nosso —, o gugolplex realmente é um pouco demais.

Alguns matemáticos se dedicaram a elaborar um modo de representar números cansativos de escrever até na notação científica. Quando não aguentar mais escrever o longuíssimo número de potências de dez que está usando (para quê?), você pode tentar um desses métodos.

A notação do matemático americano David Knuth usa ^ para indicar as potências. A expressão n^m significa "elevar n à potência de m". Hoje, ela é comumente usada em computadores (no Excel, por exemplo, =10^6 significa 10^6).

n^2 = n^2	3^2 é $3^2 = 3 \times 3 = 9$
n^3 = n^3	3^3 é $3^3 = 3 \times 3 \times 3 = 27$
n^^{4} = n^4	3^4 é $3^4 = 3 \times 3 \times 3 \times 3 = 81$

Mas Knuth permitia o uso repetido. Dobrar o símbolo ^ para n^^m significa "elevar n à potência m o número seguinte de vezes".

Assim, enquanto

3^3 é 3^3 = 27

3^^3 é 3^(3^3) = 3^{27} = 7.625.597.484.987 — já chegamos aos trilhões!

E triplicar o símbolo ^ para ^^^ leva rapidamente a números muito grandes: **3^^^3 é escrito como 3^^4** e é

$3\hat{}3\hat{}3\hat{}3 = 3\hat{}3^{27} = 3^{7.625.597.484.987}$

Os números ficam rapidamente mais difíceis de ler (além de inimaginavelmente grandes). As pessoas inventaram maneiras de escrever números ainda maiores, números que você nunca precisará usar. Nem parecem números, com algarismos isolados escritos dentro de formas diferentes, como triângulos e quadrados.

Agora você pode inventar

Podemos continuar a fazer números cada vez maiores. Que tal o número de Graham ao quadrado (ver o quadro abaixo)? Ou 10 elevado à potência do número de Graham? Não há fim aos números que podemos batizar. Isso significa que existam em algum sentido significativo?

O MAIOR NÚMERO DO MUNDO

O maior número que já foi usado em qualquer problema matemático se chama número de Graham. Ele é tão grande que é impossível escrevê-lo de alguma maneira sensata e foi sugerido como limite superior da solução possível de um problema, mas os matemáticos acham que a resposta real do problema seria "6". Parece que agora a matemática se volta contra nós e diz: "Então tá. Não importa. Seis serve."

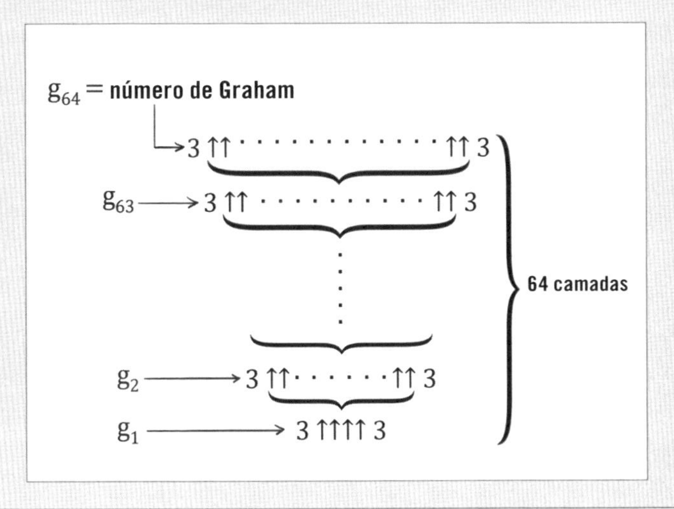

CAPÍTULO 8

De Que Serve o Infinito?

Se os números extremamente grandes na verdade são inúteis, qual a utilidade do infinito?

A princípio, parece que o universo é infinito ou limitado. Se for limitado, com certeza não poderá conter nada infinito, não é? Pois é, pode. Mas antes vamos examinar o infinito com um pouco mais de detalhe.

Números intermináveis

Se você perguntar à maioria das pessoas o que é o infinito, elas pensarão na torrente interminável de números que começa com 1, ou talvez 0, e passa por 1.000.000, gugol, gugolplex e continua avançando. Sempre podemos acrescentar mais "1", sempre transformar 1 em 9, sempre multiplicar o número por si mesmo; não há fim.

Tudo isso é verdade. Mas não há apenas uma infinidade de números que começam no 0 e vão aumentando; também há uma infinidade de números negativos — isto é, números que começam no 0 e vão diminuindo.

Quantos infinitos?

Caso isso não baste, também há uma infinidade de frações (1 sobre gugol etc.) e uma infinidade de frações decimais (0,1, 0,11 etc.). Assim que chegar a 0,1111 rumo ao infinito você vai perceber que haverá 0,121111 até o infinito e assim por diante, portanto há muitos infinitos entre 0 e 1. Há outros tantos infinitos entre 1 e 2 e entre 0 e −1. Inevitavelmente, há uma infinidade de infinitos.

Qual o tamanho do infinito?

É uma pergunta conhecida das crianças curiosas: qual é o tamanho do infinito? Isso assume uma nova dimensão de complexidade depois que começamos a pensar em múltiplos (infinitos) do infinito. O bom senso nos diz que a infinidade de números pares deve ter metade do tamanho da infinidade de todos os inteiros e ser igual à infinidade dos números ímpares. Mesmo assim, todos eles crescem para sempre. Há um infinito entre cada par de números da reta numérica e uma infinidade de algarismos em cada número irracional. Mas é claro que o infinito entre 1 e 2 não pode ser do mesmo tamanho que o infinito entre o infinito negativo e o positivo, não é? A descoberta espantosa de que há infinitos maiores e menores foi demonstrada por Georg Cantor em 1874 e, novamente, em 1891.

DE 1.000 AO INFINITO

Até 1655, o símbolo ∞ do infinito era usado como alternativa ao M para representar milhares em algarismos romanos. Sua adoção como símbolo do infinito foi sugerida pelo matemático inglês John Wallis (1616-1703).

Infinitos contidos

Tendemos a visualizar o infinito como se estendendo para o vácuo, e a ideia de que um infinito possa ser contido — entre 0 e 1, por exemplo — é nova. Mesmo assim, se você visualizar o infinito entre 0 e 1, talvez ainda imagine uma linha de números se estendendo à distância. O limite nunca é alcançado.

Mas pode-se obter um infinito mais compreensível com os fractais.

Um fractal é um padrão que se duplica infinitamente e é um infinito visível ou visualizável. Um exemplo clássico de fractal é a curva (estrela ou floco de neve) de Koch. Comece traçando um triângulo equilátero (com os três lados iguais). Então, no terço central de cada lado do triângulo, desenhe outro triângulo equilátero, usando essa seção como base. Apague a base e obtenha uma estrela (hexagrama, em matematiquês). Faça o mesmo com todos os triângulos menores. De novo e de novo (ver a figura a seguir).

Cada vez que você desenhar um novo conjunto de triângulos pontudos, o perímetro da forma aumentará em um terço. (Pense só: você apaga um terço de cada lado e acrescenta o mesmo comprimento duas vezes; um lado da nova ponta compensa o pedaço removido, o outro é uma nova parte do perímetro com um terço do comprimento de um lado.) É claro que o perímetro continuará a ficar cada vez maior, porque, embora cada seção acrescentada seja cada vez menor, há mais e mais delas.

Se o comprimento de um lado original for s e o número de iterações for n, o perímetro total (P) é dado pela expressão:

$$\mathbf{P = 3s \times (4/3)^{n}}$$

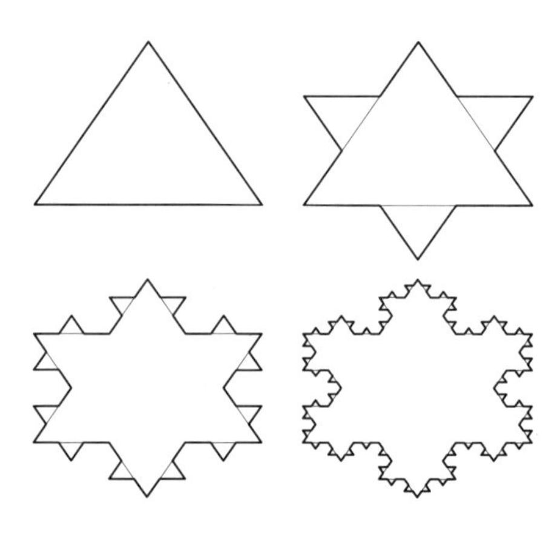

Conforme n aumenta, o perímetro tende ao infinito (porque 4/3 é maior do que 1, e assim $(4/3)^n$ continua aumentando). A área delimitada por cada novo triângulo aumenta um nono do aumento acrescentado pelo triângulo novo anterior. Isso significa que, se o primeiro triângulo tiver 9 cm² de área, cada ponta da estrela terá área de 9 ÷ 9 = 1 cm², e há três pontas novas, portanto a estrela inteira tem área de 9 + 3 = 12 cm². Com a primeira forma do floco de neve, cada novo triângulo acrescenta 1 ÷ 9 = $^1/_9$ cm², e são 12, portanto o floco de neve total terá de área

$$12 + (12 \times {}^1/_9) = 12 + 1{}^3/_9 = 13{}^1/_3$$

ACHE A FÓRMULA

A fórmula do triângulo inicial de área a_0 é (feche os olhos se não gosta de fórmulas):

$$A_n = a_0 \left(1 + \frac{3}{5}\left(1 - \left(\frac{4}{9}\right)^n\right)\right)$$

$$= a_0 \left(8 - 3\left(\frac{4}{9}\right)^n\right)$$

Como $^4/_9$ é menor do que 1, $(^4/_0)^n$ continua diminuindo, e assim a área chega a um limite finito. Na verdade, ela tende a $^8/_5$ da área do triângulo original.

Ação fractal

Há muitos outros tipos de fractal, e um dos mais famosos é o de Mandelbrot, derivado de uma série complexa de números. Os fractais ou quase fractais também são comuns na natureza e ocorrem em estruturas que se beneficiam do máximo de área num volume limitado. Os exemplos são a estrutura dos vasos sanguíneos ou das raízes das árvores, a formação dos alvéolos no pulmão, a estrutura dos deltas dos rios, as montanhas e até os relâmpagos.

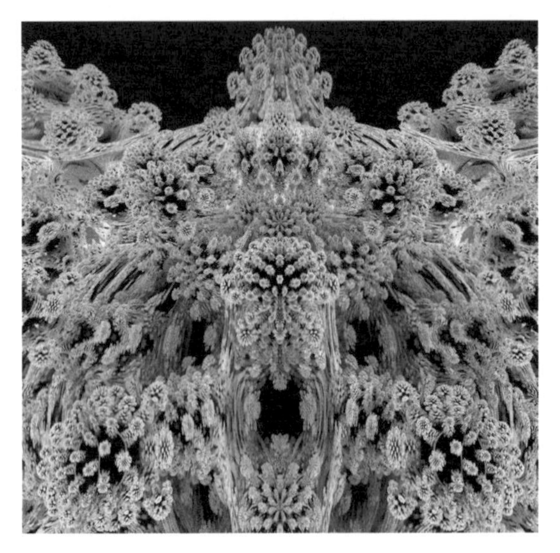

Essa imagem gerada em computador, derivada de um conjunto de Mandelbrot, mostra a característica elaborada e infinitamente complicada da fronteira dessa forma fractal, um dos melhores exemplos conhecidos da beleza matemática.

Infinitos limitados

Embora esses padrões possam, teoricamente, se repetir ao infinito, é claro que eles não o fazem na natureza. Em algum momento chegamos ao tamanho limitante das moléculas e seremos incapazes de repetir o padrão. Eles descrevem um processo ou série que pode se estender infinitamente mas, até onde sabemos, não há nada que seja realmente infinito. Mesmo assim, o infinito e o infinitamente pequeno podem ser ideias úteis na matemática, como veremos no Capítulo 26.

CAPÍTULO 9

Estatísticas São Mentiras, Mentiras Deslavadas ou Coisa Pior?

Deveríamos ser capazes de confiar na estatística, mas o modo como a apresentam é pensado para manipular.

Os meios de comunicação estão cheios de estatísticas, muitas compiladas de forma a nos persuadir a adotar um determinado ponto de vista. É possível evitar a manipulação se você entender não só o que realmente significam as estatísticas como também como reagimos aos números. Isso envolve tanto psicologia quanto matemática.

Formas de olhar as estatísticas

Há várias maneiras de dizer as mesmas coisas sobre os números, e elas provocam em nós reações diferentes. Os jornalistas, os publicitários e os políticos podem nos empurrar para uma interpretação específica dependendo de como apresentam os números.

Tudo a seguir significa a mesma coisa:

- **1 em 5**
- **probabilidade de 0,2**
- **20% de chance**
- **2 em 10**
- **probabilidade de 5:1**
- **10 em 50**
- **20 em cada 100**
- **200.000 em um milhão**

Mesmo assim, tendemos a reagir de forma diferente. O último, 200.000 em um milhão, soa imediatamente mais impressionante porque o primeiro número que lemos é grande. Realmente, 20 em 100 soa mais impressionante do que 2 em 10 porque pensamos em 2 como um número pequeno. Esse é um achado bem documentado que se chama viés da proporção e pode até levar as pessoas a escolher uma probabilidade menor de ganhar.

O experimento a seguir demonstra bem o viés da proporção. São apresentadas às pessoas duas vasilhas com contas de vidro assim arrumadas:

- **uma vasilha com dez contas, das quais 9 são brancas e 1, vermelha**
- **uma vasilha com 100 contas, das quais 92 são brancas e 8, vermelhas**

As pessoas são informadas de que devem pegar uma conta vermelha, mas estarão vendadas. Que vasilha escolheriam para aumentar a probabilidade de pegar uma conta vermelha?

Nesse teste, 53% das pessoas escolheram a vasilha com 100 contas.

É a escolha errada: a probabilidade de pegar uma conta vermelha na primeira vasilha é de 10% (10 em 100 ou 1 em 10), mas na segunda vasilha a probabilidade é de apenas 8% (8 em 100).

O fato de haver mais contas vermelhas na segunda vasilha parece indicar que isso significa que há mais oportunidades de pegar uma conta vermelha, o que atrai as pessoas. Elas ignoram completamente o fato de que também há mais — desproporcionalmente mais — oportunidades de pegar uma conta branca. A probabilidade de pegar uma conta vermelha na vasilha com 100 contas é menor do que a probabilidade de pegar uma conta vermelha na outra vasilha. Parece que metade das pessoas testadas não entendeu como escolher para maximizar sua probabilidade de pegar uma conta vermelha.

Números maiores trabalham mais

As pessoas consideram números grandes mais significativos do que números menores.

Pediu-se a uma amostra de pessoas que classificasse sua percepção da gravidade do câncer como risco para a saúde, e a amostra foi dividida em dois grupos. O grupo que ouviu que 36.500 pessoas morrem de câncer por ano considerou a doença um risco mais significativo do que o que ouviu que 100 pessoas por dia morrem de câncer.

Em outro estudo, os participantes ficaram mais alarmados quando lhes disseram que 1.286 em cada 10.000 pessoas morreriam de câncer do que quando lhes disseram que o câncer mataria 24 de cada 100 pessoas, embora o segundo risco seja quase o dobro do primeiro (24% contra 12,9%).

Esse viés pode levar as pessoas a escolher opções perigosas. Quando lhes perguntavam se escolheriam um tratamento com risco de morte conhecido, a resposta das pessoas dependia de como os números eram apresentados.

Se o número de mortes de pacientes anteriores fosse mostrado como uma proporção por 100 pacientes, os participantes toleravam um risco muito maior do que se fosse apresentado como mortes por 1.000. Os possíveis pacientes aceitariam um risco de até 37,1% de morte no primeiro caso, mas só até 17,6% no segundo.

O número maior (176 contra 37) os cegou para o *nível* menor de risco.

Não olhe embaixo!

Quando lhes perguntam qual de vários números fracionários é maior, as pessoas tendem a comparar apenas o *nume-*

rador (o número de cima da fração) e ignorar o *denominador* (o número de baixo). É por isso que as pessoas preferem a probabilidade de 8/100 à de 1/10 quando pegam contas. Desconsiderar completamente o número dessa maneira é a chamada *negligência do denominador*.

Se tiver tino comercial, você pode usar isso a seu favor. Imagine que esteja organizando uma festa para levantar recursos para uma instituição de caridade e queira convencer os outros a pagar pela chance de ganhar um jogo. Você pode aproveitar a negligência do denominador ou o viés da proporção para incentivar as pessoas a apostarem no jogo com *menor* probabilidade de sucesso, mas parecendo que a probabilidade é maior. Em vez de dizer "1 pessoa em 10 ganha o prêmio", você terá mais participantes com "8 pessoas em 100 ganham o prêmio!" (Acrescentar o "!" não é matemático, mas ajuda, porque é uma dica para o leitor ficar surpreso ou impressionado.)

O que eles não estão dizendo?

Outra maneira usada por políticos, anunciantes e jornalistas para manipular o modo como pensamos nos números é a escolha cuidadosa e a fraseologia. Tente inverter todas as frases que usam números e veja o que elas realmente significam:

- **A vida de 30% das pessoas piorou neste governo = 70% têm pelo menos o mesmo padrão de vida neste governo e no anterior.**

- **1 em 4 notebooks dão defeito em 24 meses = 3 em 4 notebooks ainda funcionam depois de 24 meses.**

- **30 de cada 50 habitantes vivem até depois dos 70 anos = 40% dos habitantes morrem antes dos 70 anos.**

Ao escolher em que metade de uma declaração matemática vai se concentrar, o apresentador pode nos incentivar a ter uma opinião positiva ou negativa. Esse efeito pode ser reforçado com um método de apresentação que dificulte ver o outro lado da história. Se o último exemplo — 30 de cada 50 habitantes vivem até depois dos 70 anos — fosse "60% dos moradores vive até depois dos 70 anos", perceberíamos na mesma hora que isso significa que 40% morrem antes dessa idade. Mas 30 é um número grandinho, e temos de fazer as contas (50 – 30, depois converter 20 em percentagem) para ver a situação real.

Procure o contexto

Outro truque é citar uma estatística sozinha. Fora do contexto, os números praticamente não significam nada. Se você ler que 20 alunos de uma escola foram suspensos por uso de drogas, isso parece muito ruim. Mas se a escola tiver 800 alunos, é muito pior do que se tiver 2.000 alunos. Se 20 alunos usam drogas numa escola com 2.000 matriculados, isso significa que 99% dos alunos não usam. Mas isso não vira manchete.

"A probabilidade é de uma em um milhão que..." é uma forma bastante comum usada nos meios de comunicação para dizer que algo é muito improvável. Estritamente falando, é improvável em qualquer caso específico, mas se houver muitos casos não é tão improvável assim em termos gerais. Se a probabilidade de um elefante africano nascer albino for uma em um milhão, será improvável que o turista que visitar a África veja algum. Se a probabilidade de uma formiga ser albina for de uma em um milhão, seria muito surpreendente se não víssemos pelo menos uma depois de revirar alguns formigueiros.

Maçãs e laranjas

É difícil comparar estatísticas à primeira vista quando os números são apresentados de maneira diferente. As notícias nos meios de comunicação costumam fazer isso — talvez para nos confundir, mas talvez só porque o jornalista achou que ficaria mais variado. Comparar informações de fontes diferentes costuma provocar esse problema, mas isso ainda é coisa de preguiçoso; o jornalista deveria deixá-las comparáveis. Por exemplo, é difícil entender uma notícia que diz que 2 em cada 10 pessoas fazem exercícios suficientes para reduzir em 30% o risco de cardiopatia, e outro terço das pessoas faz exercícios suficientes para reduzir o risco em 15%. Isso nos exige pensar nos números de três maneiras diferentes: 2 em 10, frações e percentagens. Os dados ficariam muito mais claros se os números fossem todos convertidos para percentagens: 20% das pessoas fazem exercícios suficientes para reduzir o risco em 30% e mais 33% das pessoas reduzem o risco em 15%. Isso também facilita ver que 47% das pessoas não se exercita o suficiente:

$$100 - (20 + 33) = 100 - 53 = 47$$

CAPÍTULO 10

Isso É Significativo?

Os fatos e números mostram mesmo o que afirmam mostrar?

As estatísticas têm um ar de autoridade, e as pessoas são facilmente influenciadas por elas. Parecem uma "prova", mesmo quando, na verdade, não provam nada.

Significativo ou não?

Os estatísticos precisam saber se os fatos e números gerados por pesquisas, estudos, entrevistas ou o que for são "significativos". Em outras palavras, eles fornecem informações úteis para embasar a ação? Ou o resultado poderia ter ocorrido por acaso ou por erros na escolha da amostra? Em geral, considera-se que os estudos científicos encontraram um resultado significativo quando a probabilidade (p) de um resultado ser aleatório ou errôneo é menor que 1 em 20. Isso se expressa assim:

$$p < 0,05$$

em que p significa a probabilidade. A probabilidade 1 significa que algo é absolutamente certo: há uma probabilidade 1 de que, se estiver lendo este livro, você esteja vivo. Probabilidade 0 significa que algo, definitivamente, não está acontecendo. Há uma probabilidade 0 de que seu exemplar do livro tenha sido impresso em água.

A probabilidade $p < 0,05$ é definida de um jeito bem esquisito. É a probabilidade de 5% de que a "hipótese nula seja verdadeira", e a hipótese nula é que não haja efeito. Isso significa que, se a probabilidade de o resultado ser coincidência for menor do que 5%, a estatística é boa. A margem de 5% também é muito usada para desprezar valores extremos, as amostras que ficam fora do corpo principal de resultados.

Os resultados geralmente considerados válidos e que podem ser incluídos no processamento posterior são os que ficam nos 95% do meio. Em alguns estudos, são necessários testes de significância mais precisos ou rigorosos. Isso se aplica aos estudos realmente importantes, aqueles que re-

TODOS OS CISNES SÃO BRANCOS — SERÁ?

Há muito tempo, os europeus achavam que todos os cisnes eram brancos porque nunca tinham visto um cisne negro. O tamanho da amostra era imenso, praticamente todos os cisnes da Europa. Mas só é preciso ver um cisne negro para refutar a teoria. O filósofo britânico de origem vienense Karl Popper (1902-1994) desenvolveu uma definição da ciência que exige que as teorias sejam refutáveis — ou seja, que se possa mostrar que estão erradas — para serem consideradas científicas. A teoria de que todos os cisnes são brancos é realmente refutável (basta ver um cisne não branco), portanto pode ser proposta como teoria. Mas ela não é comprovável. Não podemos provar que esteja certa sem observar todos os cisnes do mundo em todos os tempos. É por isso que não se pode provar uma negativa. Só porque você não viu alguma coisa não significa que ela não exista. Por essa razão, o oposto da ideia proposta — a hipótese nula nesses exemplos estatísticos — é um teste importante.

definirão a ciência. A probabilidade exigida para confirmar a detecção do bóson de Higgs (um tipo de partícula subatômica), por exemplo, fica por volta de 1 em 3,5 milhões, ou $p < 2,86 \times 10^{-7}$.

Nenhum efeito? Ou não significativo?

Se um estudo descobre que não há resultado "estatisticamente significativo", isso não significa, necessariamente, que não haja efeito. Também é importante examinar o tamanho da amostra e o projeto do estudo.

Um estudo em pequena escala talvez não capte um efeito pequeno. A duração pode ser curta demais, ou o tamanho da amostra pequeno demais. Isso é algo que os estudos de remédios precisam levar em conta, por exemplo. Um estudo com apenas vinte participantes não será capaz de mostrar algo que só afeta 2% das pessoas — ou parecerá não afetar ninguém, ou parecerá afetar 1 (ou mais) em 20, ou seja, 5% ou mais.

Correlação e causalidade

As notícias costumam fazer vínculos entre comportamentos e eventos, sugerindo que um causa o outro. Podemos ler que as pessoas que usam capacete de ciclismo têm menos probabilidade de sofrer lesões graves na cabeça num acidente com a bicicleta, por exemplo. A sugestão é que o capacete as protege, e provavelmente é verdade. Mas também é possível apresentar dois conjuntos de números para sugerir uma conexão que talvez não exista ou que pode ser diferente da insinuada. Por exemplo, a compra de jornais e a taxa de homicídios caíram nos últimos cinco anos. Há uma correlação aqui: o padrão é semelhante. No entanto, apresentar os números lado a lado sugere que os dois estão relacionados: comprar jornal provoca fúria assassina nas pessoas? Provavelmente, não. Há uma correlação, mas nenhuma causalidade: uma não causa a outra.

No inverno, a venda de trenós aumenta e a de sorvete, diminui. Aqui há um vínculo, mas não é direto: ambos estão relacionados ao clima, mas não um ao outro. Cuidado com gráficos ou tabelas de estatísticas que pareçam indicar um vínculo entre dois fenômenos; o vínculo pode existir, mas também pode haver outros fatores em jogo, as chamadas variáveis de confusão, que se ligam aos dois. No exemplo dos trenós e do sorvete, o clima é a variável de confusão. Nem sempre há uma variável de confusão; em alguns casos, pode ser simples coincidência.

PROVAVELMENTE, NÃO...

Há correlações entre:

- **venda de alimentos orgânicos e diagnósticos de autismo.**
- **uso do Facebook e a crise da dívida grega.**
- **a importação de limões mexicanos e a taxa de mortes nas estradas americanas — é uma correlação inversa: as mortes caem e a importação de limões cresce.**
- **o declínio do número de piratas e o aumento do aquecimento global — essa também é uma correlação inversa; será que os piratas impedem o aquecimento global?**

CAPÍTULO 11

Qual o Tamanho do Planeta?

E se de repente você fosse parar em outro planeta? Conseguiria calcular seu tamanho?

Talvez essa não seja sua principal preocupação, é claro, mas só suponha um instante... Como medir o tamanho de algo que é grande demais para medir em passos?

Redondo ou plano?

Ao contrário da lenda popular, pouquíssimas pessoas já acharam que a Terra é plana. O simples fato de que podemos ver algo surgindo no horizonte mostra que ela não pode ser plana. Alguém em pé na praia que observa a aproximação de um navio consegue ver o mastro — a parte mais alta — aparecer primeiro, e depois o resto do navio vai surgindo aos poucos no horizonte. Isso só pode acontecer se a superfície da Terra for curva. Se a Terra fosse plana, um objeto distante ficaria minúsculo, mas toda a sua altura seria visível de imediato, e só o tamanho aumentaria quando ele se aproximasse.

Nem precisamos estar perto do mar — o que é bom, porque aquele planeta alienígena talvez não tenha mar nem navios. O fato de você ver uma distância maior de um ponto mais alto do que de um ponto mais baixo também mostra que a superfície da Terra é curva.

Onde está o horizonte?

Em pé numa planície ou no nível do mar olhando a água, o mais longe que você consegue enxergar no mesmo nível (na Terra) são 3,2 km.

Isso supõe que seus olhos estejam no "nível dos olhos" (isto é, que você não esteja deitado no chão) e que sua altura seja cerca de 1,80 m. Você consegue ver o topo dos objetos mais altos que ficam mais longe. Se subir num morro ou no convés do navio, você verá mais longe do que 3,2 km.

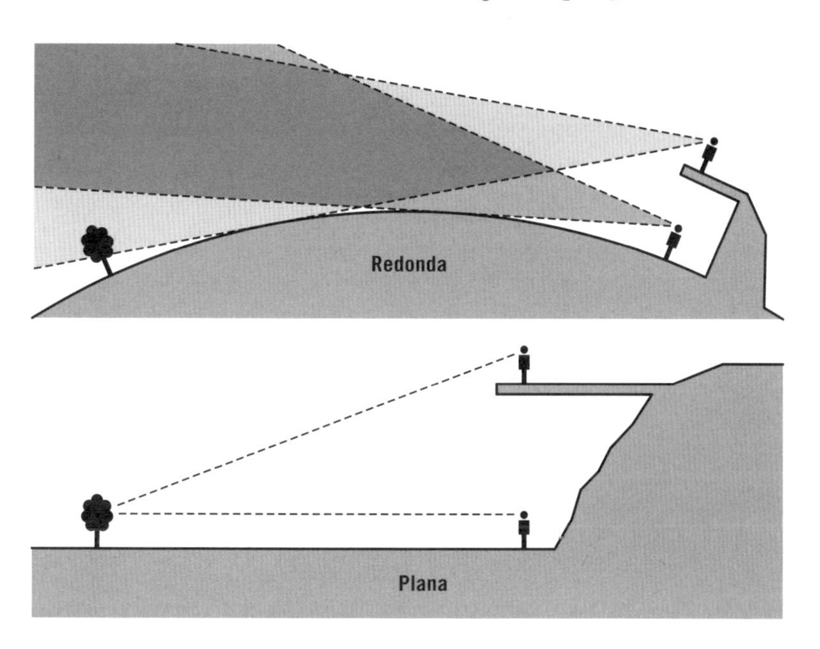

A volta toda

O tamanho da Terra preocupou as pessoas muito antes de haver boa tecnologia para medir. O antigo filósofo grego Eratóstenes foi a primeira pessoa conhecida a tentar calcular a circunferência da Terra. Ele morava em Alexandria, no Egito, e realizou seus cálculos por volta de 240 a.C.

Eratóstenes sabia que, na cidade próxima de Siena, havia um poço que, quando se espiava dentro dele ao meio-dia no solstício de verão, não havia sombra no fundo. Se não havia sombra, isso devia significar que o Sol estava diretamente acima do poço e, assim, podia iluminá-lo até o fundo. Ele também sabia que, no solstício, não havia nenhum momento assim sem sombra nos poços de sua cidade ao meio-dia. (Isso porque Alexandria fica mais ao norte do que Siena.)

Eratóstenes percebeu que, se comparasse a sombra de Alexandria com a falta de sombra de Siena, conseguiria calcular a circunferência da Terra. Ele mediu o ângulo entre uma torre alta de Alexandria e a ponta de sua sombra ao meio-dia (sabendo que não haveria sombra em Siena). O ângulo foi de 7,2°. Ele sabia que, quando uma linha cruza duas retas paralelas, o ângulo interno de cada lado é o mesmo. Os raios do Sol, na maioria dos casos, são paralelos, por se originarem muito longe.

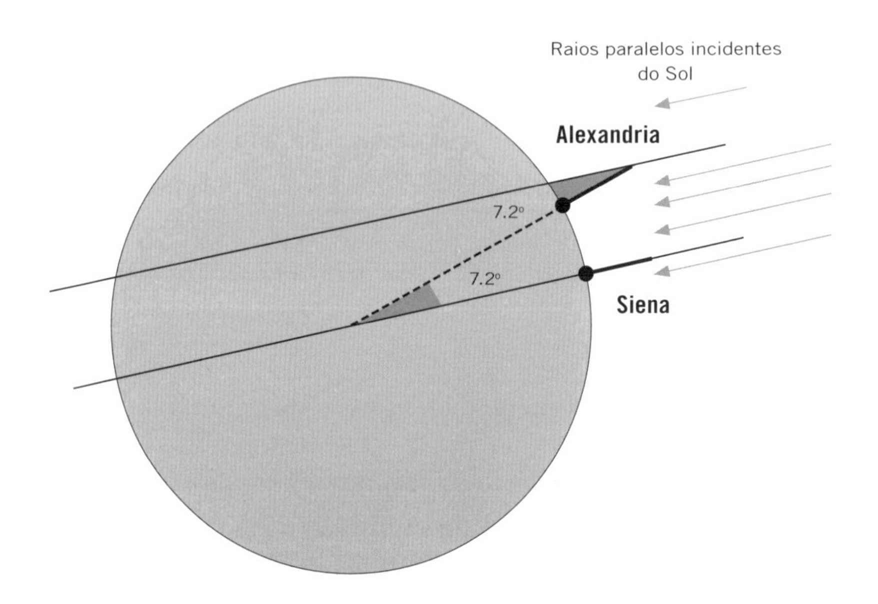

Isso significava que o ângulo no centro da Terra (que ele supunha esférica) entre linhas traçadas de Siena e Alexandria até lá seria igual ao ângulo da sombra lançada pela torre. A razão

círculo completo: ângulo medido

seria igual à razão

circunferência da Terra: distância entre Siena e Alexandria

Eratóstenes conhecia a distância entre as duas cidades. Infelizmente, não sabemos exatamente o que ele sabia; ele diz que a distância era de cinco mil "estádios", mas não sabemos exatamente o tamanho de cada "estádio".

Por sorte, 7,2° representa $^1/_{50}$ do círculo (360 ÷ 7,2 = 50) Isso dava uma circunferência de 5.000 × 50 = 250.000 estádios.

Eratóstenes pode ter acertado com uma diferença de cerca de 1% da circunferência real ou, se usou estádios com outra medida, pode ter errado em 16%. Mesmo assim, seu cálculo é muito bom. Usando seu cálculo do ângulo e da distância real entre as cidades, 800 km, a resposta que temos para a circunferência é

50 × 800 km = 40.000 km

A circunferência real da Terra é de 40.075 km.

Abandonado

Assim, se fosse abandonado em outro planeta, você teria duas maneiras de descobrir seu tamanho. Para usar o método de Eratóstenes, você precisaria encontrar um lugar onde o sol não lançasse sombras ao meio-dia e outro lugar a uma distância factível onde lançasse sombra ao meio-dia; então, seria preciso medir o ângulo da sombra, como ele fez. É claro que você talvez não tenha levado um transferidor, e esse método pode ser complicado. Uma alternativa seria medir a distância até o horizonte.

Para usar o método da distância até o horizonte, você precisaria medir, talvez contando os passos, até onde conseguiria se afastar de um objeto antes que ele sumisse no horizonte. Há uma equação que ajuda a calcular a que distância conseguimos ver diferentes alturas:

$$d^2 = (r + h)^2 - r^2$$

onde d é a distância que você consegue ver, r é o raio do planeta e h, a distância entre seus olhos e o chão (considerando-se todas as distâncias na mesma unidade).

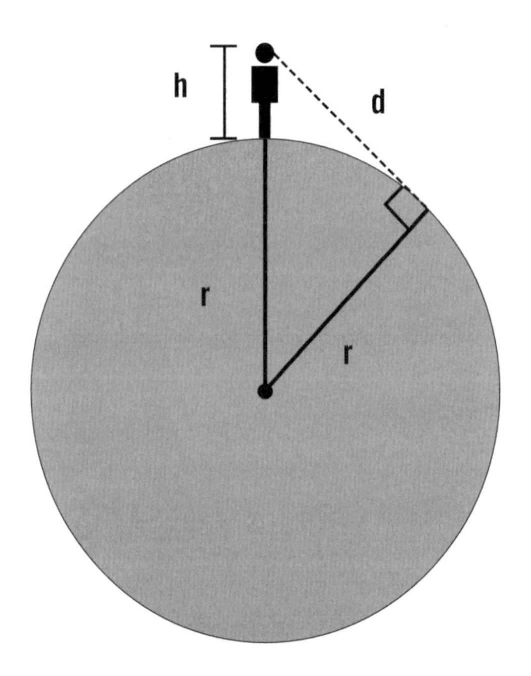

Isso usa o teorema de Pitágoras, que afirma que o quadrado da hipotenusa de um triângulo retângulo é igual à soma dos quadrados dos catetos (ver a página 59).

Você pode usar a fórmula para calcular o valor de r (o raio do planeta).

Expandindo:

$$d^2 =$$
$$(r + h)^2 - r^2 =$$
$$r^2 + 2hr + h^2 - r^2 =$$
$$2hr + h^2$$

Portanto, se você consegue ver algo a 10 km de distância e a altura de seus olhos é de 1,5 m (isto é, 0,0015 km),

$$10^2 = 2 \times 0{,}0015r + 1{,}5^2$$
$$100 = 0{,}003r + 2{,}25$$
$$100 - 2{,}25 = 0{,}003r$$
$$97{,}75 = 0{,}003r$$
$$3.258 = r$$

Depois disso, você precisa calcular a circunferência, $2\pi r$:

$$2 \times \pi \times 3.258 = 20.473 \text{ km}$$

Não se ponha a dar a volta no planeta a pé!

CAPÍTULO 12

A Linha Reta É Reta Mesmo?

A rota mais curta de A a B é com certeza uma linha — mas será uma linha reta?

É bastante óbvio que, no plano, o caminho mais curto entre dois pontos é uma reta. É possível provar isso matematicamente, mas a prova, que usa cálculo diferencial (ver o Capítulo 26), é um pouco comprida e complicada demais para este livro.

Linhas compridas e curtas

Imagine que você está em A e quer chegar a B. O caminho pode ser sinuoso, principalmente se você estiver seguindo um mapa.

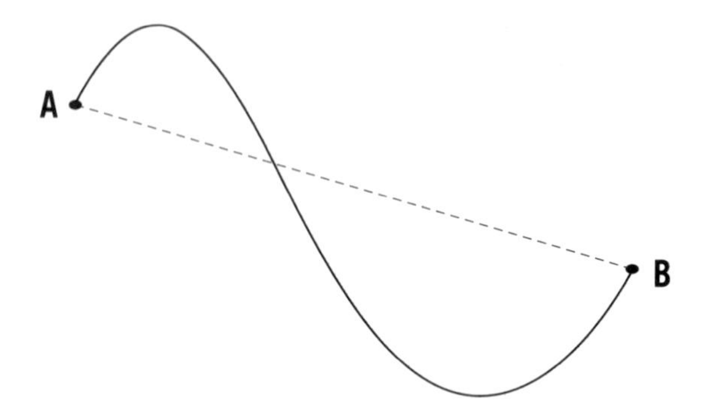

Para tornar o caminho sinuoso mais curto, achatamos as curvas. O mais achatado que a curva pode ficar é uma linha reta.

Podemos fazer isso sem curvas também. Qualquer linha reta pode se tornar a hipotenusa de um triângulo retângulo — na verdade, de um número infinito de triângulos retângulos.

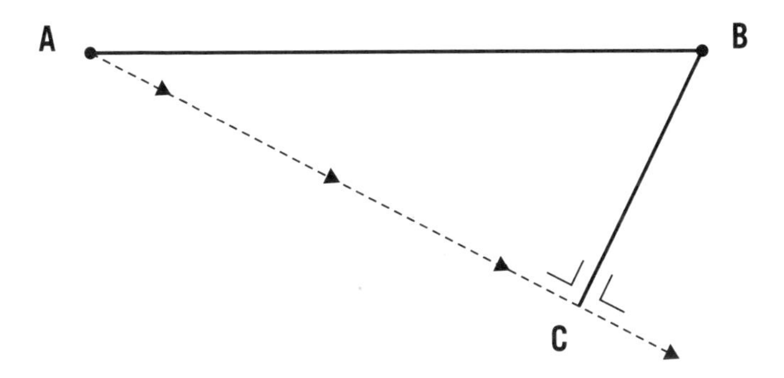

Não importa que triângulo você desenhe, o total AC + CB sempre será maior do que AB.

Até aqui, tudo bem. Mas não vivemos num mundo plano.

Na bola

Euclides (ver a página 56) estabeleceu as bases da geometria para um mundo plano. A geometria euclidiana, como é chamada, tem muitos usos bons e práticos, como calcular o volume da carreta necessária para levar embora a terra quando cavamos uma piscina, ou quantos metros de tapete são necessários numa sala. No entanto, vivemos numa Terra quase esférica, onde uma linha reta não é o que parece. Agora precisamos usar geometria não euclidiana.

O quinto postulado de Euclides (ver a página 59) demonstra que linhas paralelas nunca se cruzam e mostra as características das linhas que se cruzam. A linha que cruza duas linhas é perpendicular (faz ângulo reto) a ambas se as duas forem paralelas:

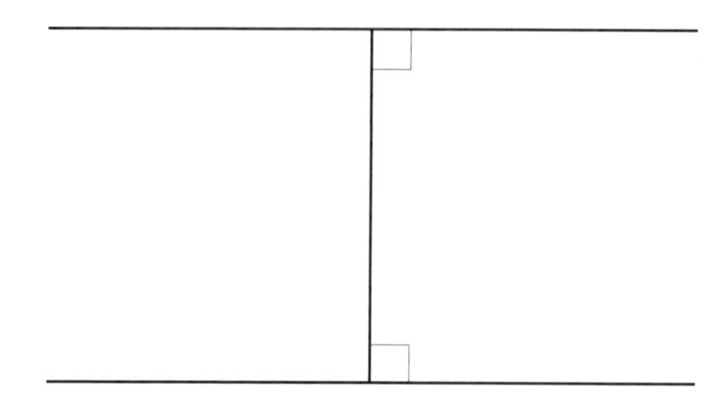

Isso é verdade numa superfície plana, mas não numa superfície curva.

Há dois tipos de superfície curva: a côncava, como o interior de uma vasilha, e a convexa, como o exterior de um globo. Isso nos dá dois tipos de geometria de superfícies curvas. São as chamadas geometria hiperbólica e elíptica.

Agora podemos traçar uma linha perpendicular a duas outras linhas sem que estas linhas sejam paralelas. Numa superfície hiperbólica, as linhas se curvam para longe uma da outra em ambas as direções, e a distância entre elas aumenta. Na superfície elíptica, elas se curvam uma na direção da outra e acabarão se cruzando em ambos os lados.

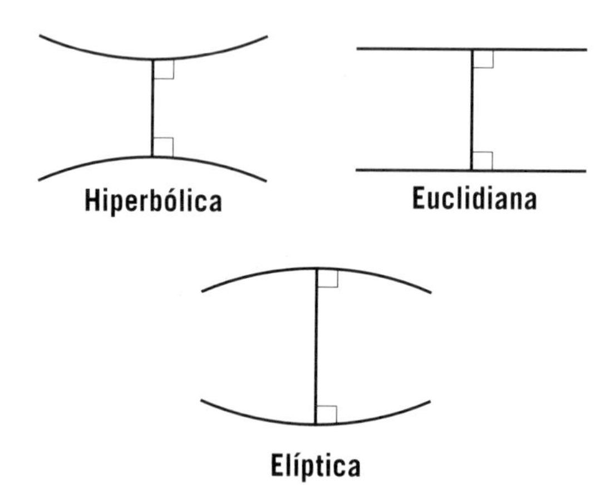

Em linha reta

Estamos acostumados a pensar nas distâncias geográficas como sendo mais curtas "em linha reta". Isso pode ser desenhado no mapa como uma linha reta.

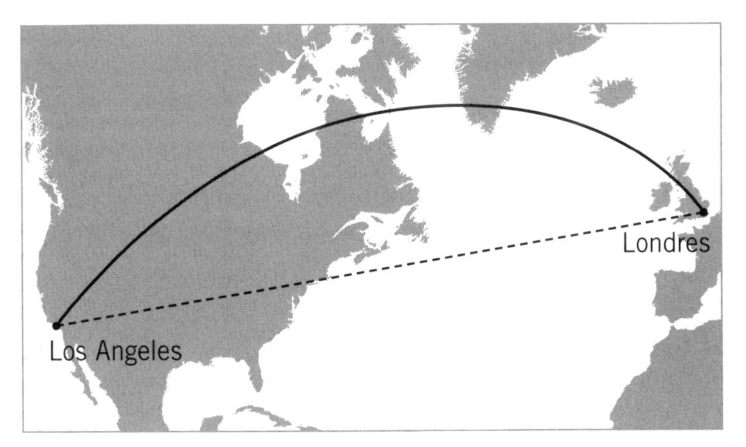

Aqui, a linha reta que vai de Los Angeles a Londres pode ser traçada pondo-se uma régua sobre o mapa e passando o lápis. Mas, se seguirmos essa rota, na verdade ela será maior do que a trajetória curva, embora esta pareça mais longa. A razão fica clara se nos lembrarmos que a Terra é um esferoide.

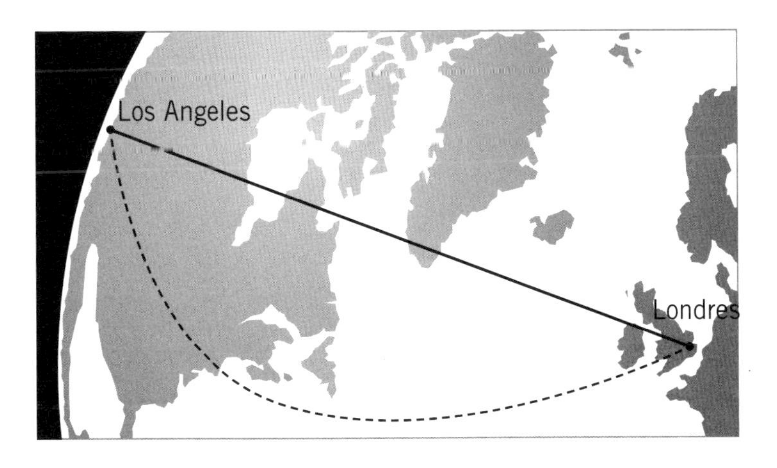

A linha mais curta entre dois pontos da esfera segue a *geodésica*. A geodésica é a linha que contorna a esfera num círculo cujo centro é o centro da esfera. Isso significa que o diâmetro do círculo é o mesmo que o diâmetro da esfera. A geodésica também é chamada de "círculo máximo". Podemos traçar qualquer número de círculos máximos em torno de uma esfera.

De volta à Terra, todas as linhas de longitude são círculos máximos. Nenhuma linha de latitude, com exceção do Equador, é um círculo máximo. Todas as outras linhas de latitude são círculos menores, com raio menor do que o raio do globo inteiro.

A distância mais curta entre dois pontos na superfície de um globo sempre é encontrada quando se traça um círculo máximo entre os dois pontos; a distância ao longo de um círculo menor sempre será maior (mesmo que não pareça).

O mapa no papel

A linha que parece mais curta desenhada num mapa plano é um pequeno círculo quando a rota é realizada no globo. A razão para a trajetória real de voo do avião parecer mais longa no mapa do que o caminho aparentemente "reto" é que as projeções de todos os mapas distorcem a geografia do mundo. Não é possível desenhar a superfície de uma esfera num plano sem algum tipo de distorção. A mais conhecida é a projeção de Mercator (a seguir).

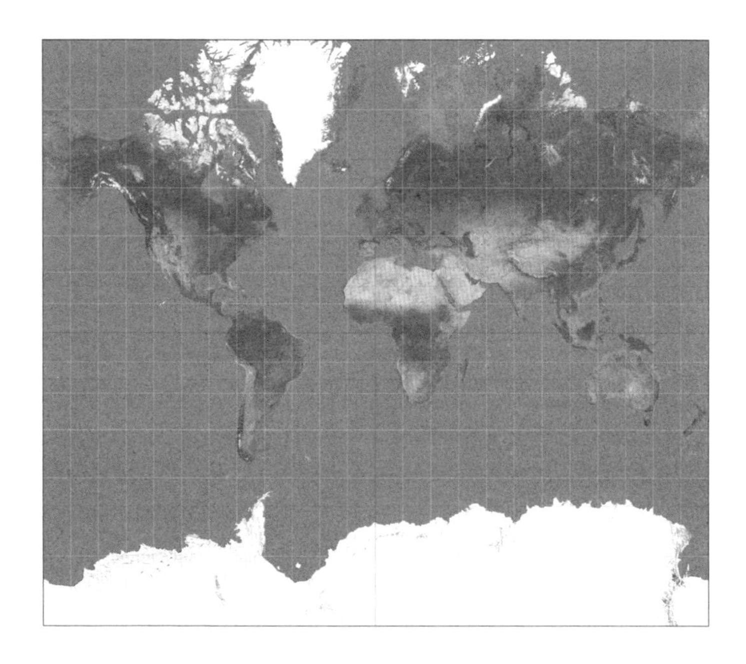

Ela fica cada vez mais distorcida conforme nos aproximamos dos polos. Um dos resultados é que a Groenlândia parece muito maior do que realmente é, e a Antártica parece ter o mesmo tamanho de todas as terras mais quentes reunidas — na verdade, ela tem menos de uma vez e meia o tamanho da Austrália.

Na projeção de Gall Peters, na página seguinte, que mostra áreas iguais, a imagem é muito diferente. Agora a Groenlândia é realmente bem pequena, e a África, muito maior. Essa projeção não é muito popular na América do Norte porque deixa seu território muito menos importante quando comparado à América do Sul, à África e a Austrália do que os americanos estão acostumados. A África tem o triplo da área territorial dos EUA.

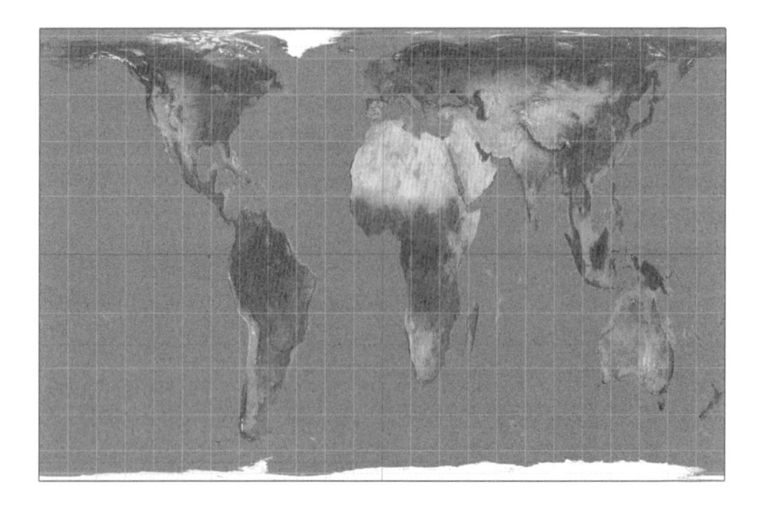

A distorção das projeções usadas em mapas planos combinada à tradução do círculo máximo numa linha reta faz o voo direto parecer uma parábola mais longa.

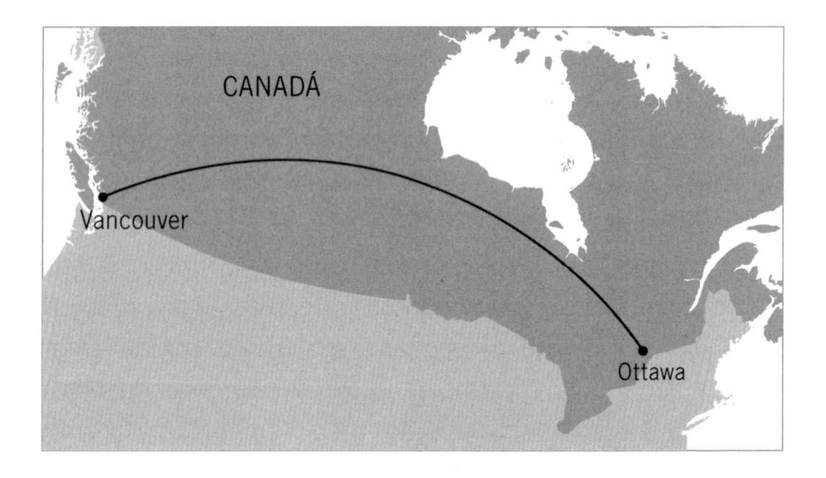

Mais curto nem sempre é mais rápido ou melhor. Os aviões nem sempre seguem a trajetória mais direta do círculo máximo porque o vento e os padrões do tráfego aéreo também afetam a escolha da rota.

QUAL O TAMANHO DA GROENLÂNDIA?

No conhecido mapa de Mercator, a Groenlândia parece ter mais ou menos o tamanho da África, e a Antártica parece maior do que todos os países mais quentes reunidos. Na verdade, a Groenlândia tem cerca de $^1/_{14}$ do tamanho da África.

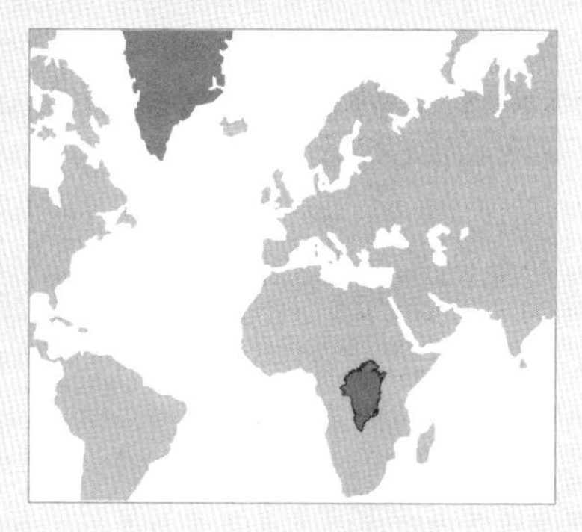

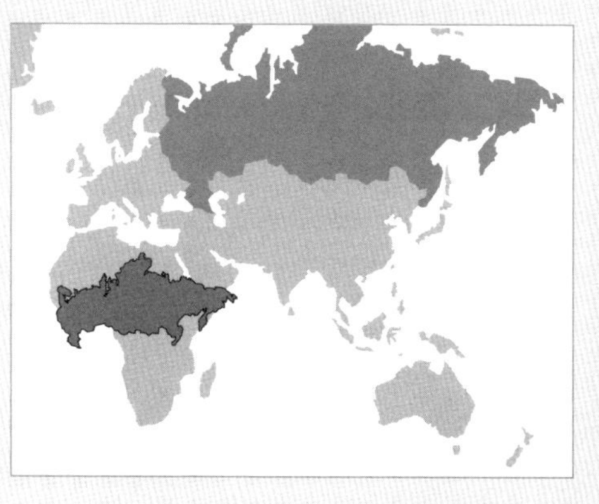

E a Rússia, que parece imensa com a projeção de Mercator, na realidade também é menor do que a África.

Vivemos no mundo real, não no paraíso arrumadinho da matemática, e sempre há outros fatores para levar em conta, como gravidade, clima, controle do tráfego aéreo e até forças hostis em terra com armas antiaéreas.

Acrescentar fatores complicadores não derrota a matemática, mas a torna mais desafiadora. Esse é um quebra-cabeça proposto por Johann Bernoulli no século XVII. Imagine um pedaço de arame com uma conta enfiada. Que formato deve ter o arame para a conta cair mais depressa do início ao fim? (Os arames têm o mesmo comprimento em todos os casos.)

DIAS DE VENTO

Embora não afete a distância, o vento pode dificultar o voo do avião numa direção e não na outra. Isso custa mais combustível e também demora mais. Além disso, o terreno abaixo afeta a altura em que o avião precisa voar. Os aviões voam para cima e para a frente, e a distância total percorrida inclui um componente vertical. O avião tem de voar mais alto para passar sobre montanhas do que para sobrevoar o oceano, e subir consome combustível. Pode ser mais barato fazer uma rota mais longa sobre o mar ou terreno baixo do que outra mais curta sobre montanhas altas.

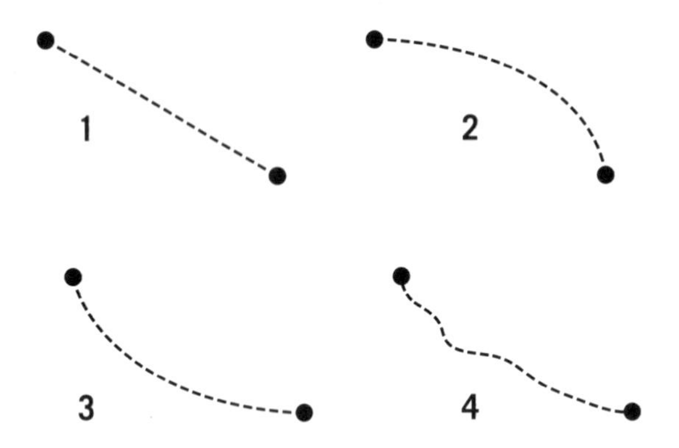

Muitos matemáticos brilhantes, como Newton, Bernoulli, Huygens e Leibniz, tentaram resolver esse problema. Galileu errou. O primeiro a dar a resposta certa foi Newton, que tinha a vantagem de ter desenvolvido o cálculo.

A resposta correta é a terceira forma: o declive íngreme permite que a conta aumente de velocidade para percorrer mais depressa a distância horizontal. A conta que seguir essa trajetória pode avançar mais no mesmo tempo da conta que estiver num arame reto mais curto. Assim, embora a menor distância possa ser uma linha reta no plano, a rota mais rápida talvez não seja nada reta.

CAPÍTULO 13

Gostou do Papel de Parede?

Quando olha um catálogo de papéis de parede, você pode ser perdoado por pensar que há uma grande variedade de padrões.

No entanto, para os matemáticos só há 17 padrões básicos no chamado "grupo do papel de parede" ou "grupo cristalográfico".

Vejamos de novo. E de novo.

Na verdade, os matemáticos não se preocupam tanto assim com o papel de parede em si, mas se interessam pela isometria (ver abaixo) que está por trás do grupo de padrões do papel de parede. A prova de que só há 17 padrões básicos nesse grupo foi demonstrada em 1891 pelo matemático, geólogo e cristalógrafo russo Evgraf Fedorov. Todos os padrões montados a partir da repetição da isometria se baseiam numa "célula", que pode ser uma forma específica, geralmente retangular (às vezes, especificamente quadrada) ou hexagonal.

Um pouco sobre isometria

Ninguém quer que as formas do papel de parede se distorçam, cresçam ou se encolham quando se movem pela parede. Isso nos daria pesadelos. Em vez disso, as cópias do padrão, mesmo quando viradas ou refletidas, têm de parecer iguais. Matematicamente, isso se chama isometria: a distância entre dois pontos quaisquer da imagem tem de permanecer a mesma depois que a imagem foi transformada (isto é, mudada). É mais fácil entender com um exemplo. Eis um cavalo-marinho.

Eis aqui algumas maneiras de mudar a imagem do cavalo-marinho:

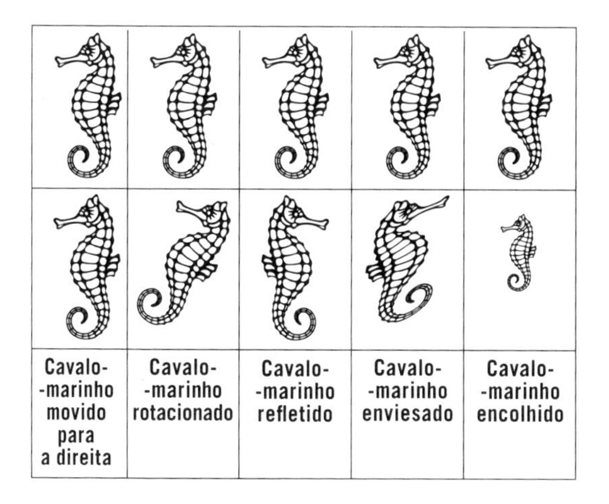

As três primeiras são transformações isométricas: a distância absoluta entre quaisquer dois pontos do cavalo-marinho é a mesma antes e depois da transformação. A quarta e a quinta não são isométricas: enviesar e encolher mudam a distância entre os pontos.

Há quatro tipo de isometria em duas dimensões:

Translação. Mover a figura inteira para a esquerda, a direita, para cima ou para baixo.

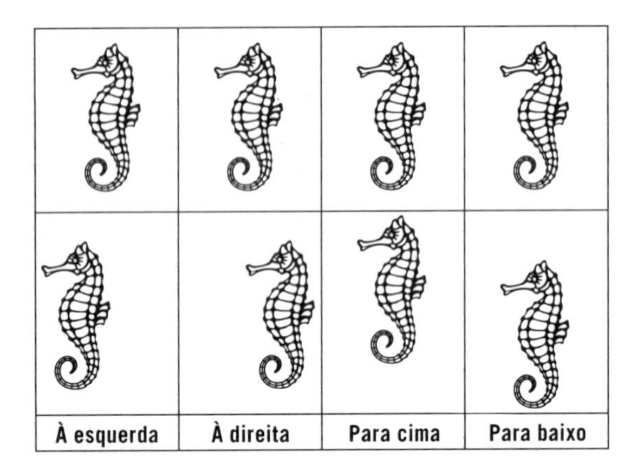

Rotação. Girar a figura no sentido horário ou anti-horário.

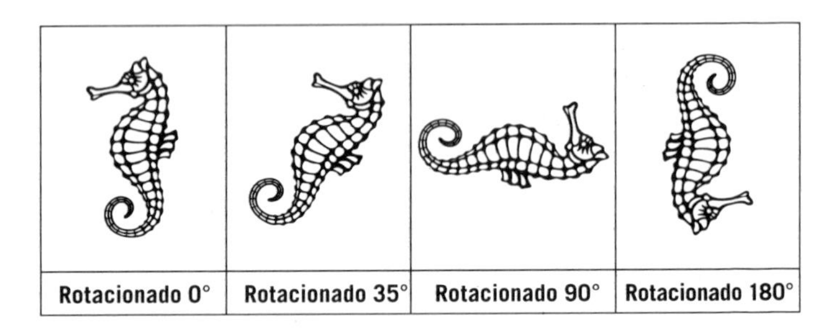

Reflexão. Refletir — criar uma imagem espelhada — a figura em qualquer direção.

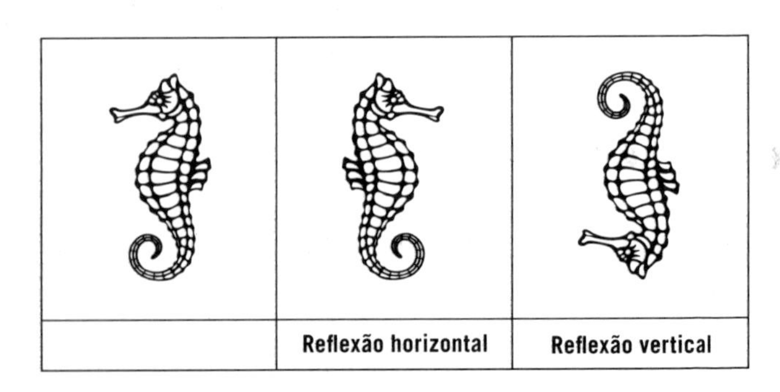

Reflexão deslizante. Combinação de reflexão e translação ao mesmo tempo.

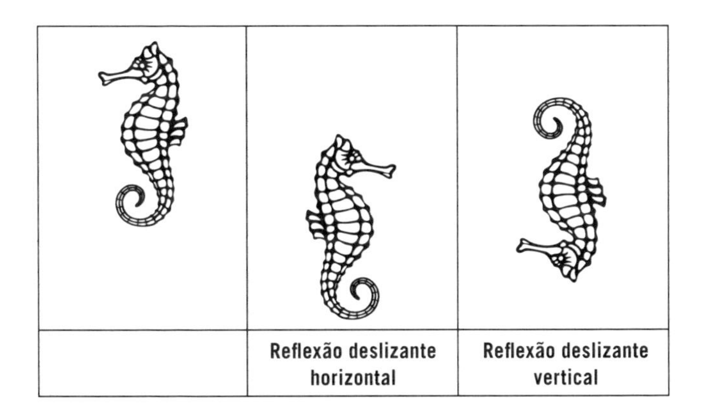

Os matemáticos dão aos 17 padrões nomes esquisitos, nada parecidos com os nomes atraentes do catálogo de papel de parede. Os nomes são formados por um código que explica como se forma o padrão.

- p1 (acima à direita) é a forma mais simples, com a imagem só transladada numa direção. O formato da célula pode ser qualquer paralelogramo (inclusive um retângulo ou quadrado).

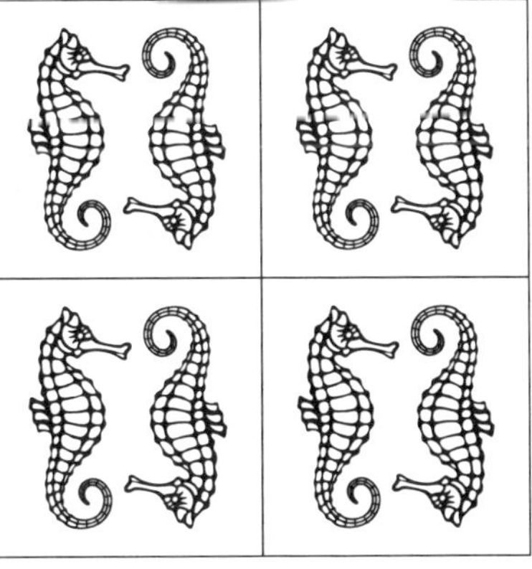

- p2 (abaixo à direita) é semelhante a p1, mas o ladrilho pode ser virado de cabeça para baixo sem alterar a imagem.

- pm (embaixo à direita) pode ser refletido ao longo de um eixo; isso significa que a figura é simétrica em relação a esse eixo. A célula tem de ser retangular ou quadrada.

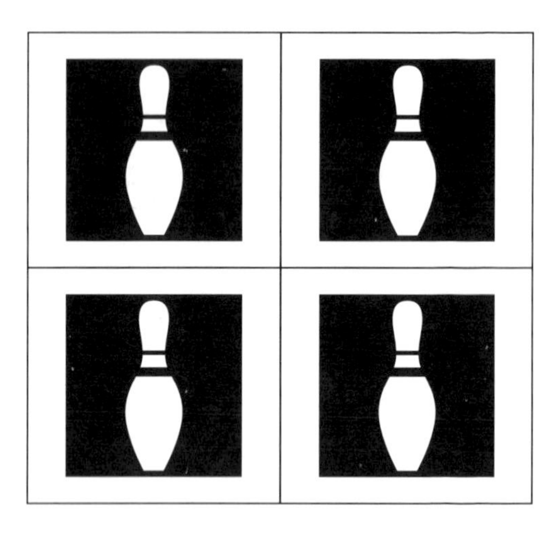

- pg (à direita) tem uma reflexão deslizante — refletido e movido ao mesmo tempo.

- cm (abaixo) combina a reflexão deslizante com o eixo de reflexão; a célula tem de ser um paralelogramo de lados iguais.

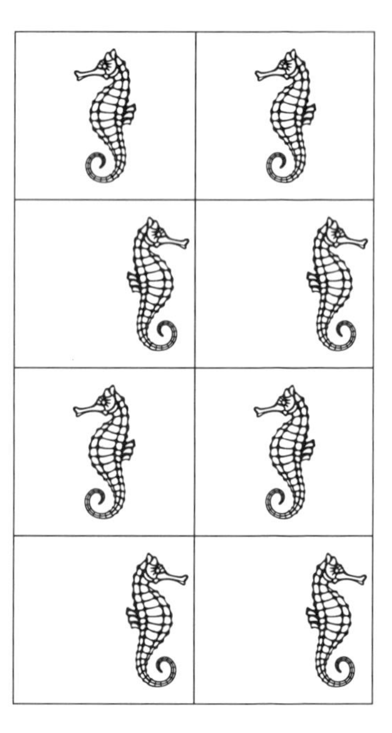

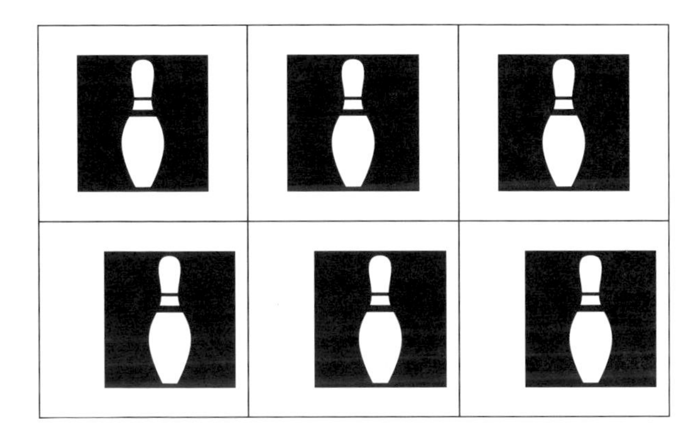

O ladrilhamento fica cada vez mais complexo quando combina reflexões, rotações e deslizamentos em diversas direções. É interessante que se encontram exemplos de todos os padrões na arte antiga, como na pintura de sarcófagos egípcios, em azulejos e mosaicos árabes, em bronzes assírios, na cerâmica turca, na tecelagem taitiana e na porcelana chinesa e persa. Há alguns exemplos na página ao lado.

p2mg - tecido, Havaí

p4 - teto de um túmulo egípcio

p4mg - porcelana chinesa

p3m1 - azulejo vitrificado persa

p31m - porcelana pintada da China

p6mm - vasilha de bronze de Nimrode, na Assíria

Que tal uma frisa em torno daquele papel de parede?

O grupo do papel de parede repete o padrão em duas direções: ao longo da parede, por assim dizer, e de cima para baixo, do teto ao chão. Outro grupo, conhecido como o grupo das frisas, só se repete numa direção e pode ser usado para fazer uma frisa ao longo da parede.

Mais uma vez, todos os sete tipos são encontrados na arte antiga e até em decorações pré-históricas:

p1	Translação horizontal	
p1m1	Translação com reflexo vertical	
p11m	Translação com reflexo vertical e horizontal	
p11g	Translação e reflexão deslizante	
p2	Translação e rotação de 180°	
p2mg	Translação, rotação em 180°, reflexão vertical e reflexão deslizante	
p2mm	Translação, rotação em 180°, reflexão vertical e horizontal e reflexão deslizante	

E agora, os ladrilhos...

O grupo do papel de parede trabalha com células de um formato que possa ser tesselado — isto é, repetido para cobrir uma superfície plana sem deixar lacunas. A tesselação é outra maneira de construir padrões, trabalhando com a forma das células em vez do padrão desenhado nelas.

Mais uma vez, as tesselações mais comuns se encontram na arte antiga. As mais simples usam uma única forma repetida. São as chamadas tesselações regulares.

Os três tipos básicos de tesselação estão mostrados no alto da página ao lado.

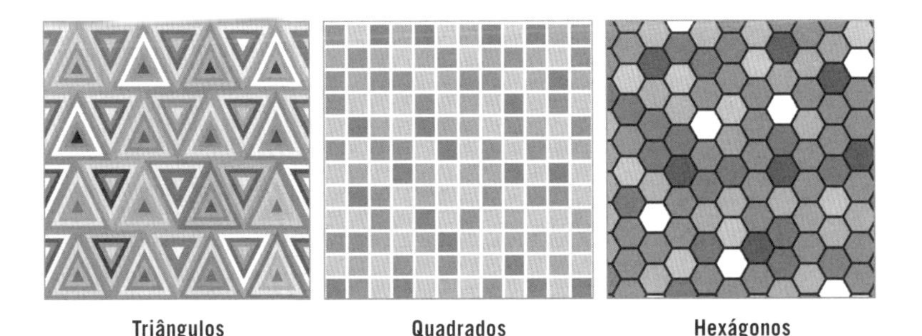

Triângulos **Quadrados** **Hexágonos**

O padrão é idêntico em cada vértice (canto).

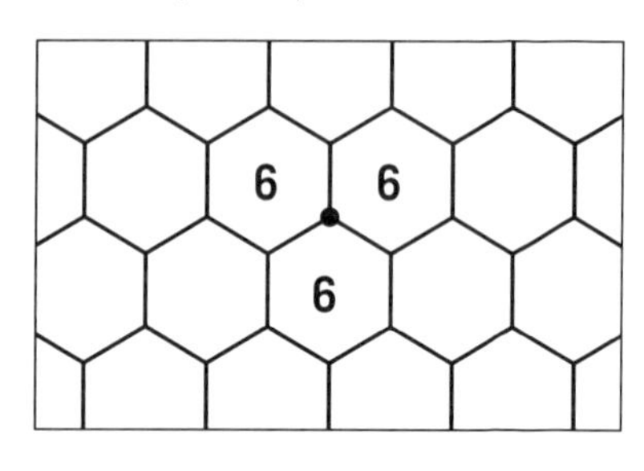

As tesselações são descritas listando-se o número de lados de cada uma das formas que se encontram num vértice.

Cada canto de um padrão hexagonal é comum a três hexágonos. Os hexágonos têm seis lados, e a tesselação é 6.6.6.

As tesselações semirregulares podem ter duas ou mais formas tesseladas. Há oito tesselações semirregulares (ver abaixo e no alto da página seguinte).

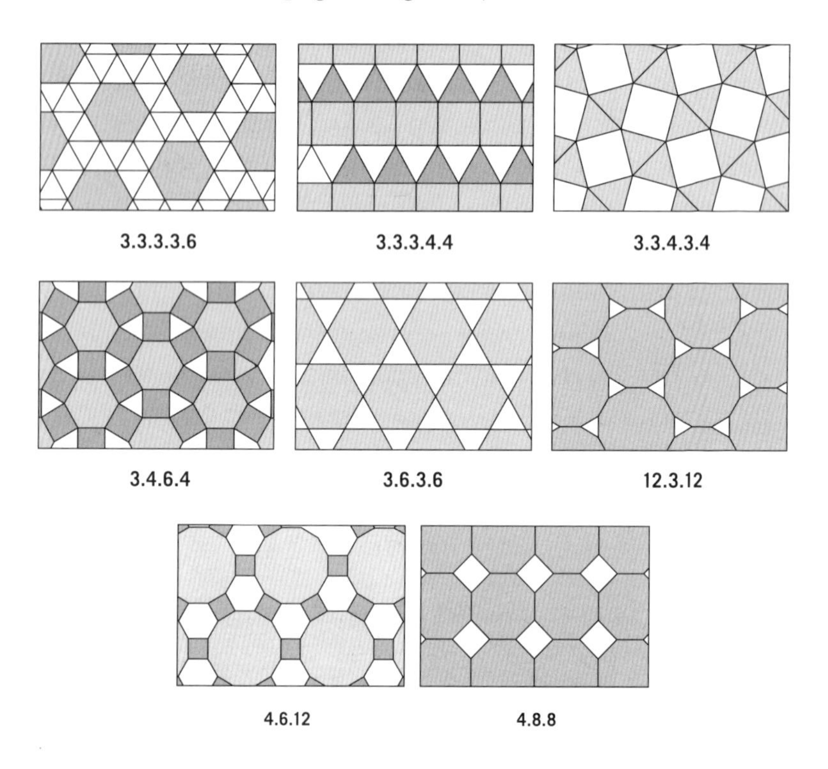

Mais uma vez, o padrão em cada vértice é o mesmo, embora possa ser rotacionado.

As tesselações irregulares não têm o mesmo padrão em todos os vértices e não podem ser descritas usando o mesmo sistema. Ainda assim, têm de cobrir a superfície inteira sem lacunas nem superposições. Essa tesselação irregular é do palácio de Alhambra, na Espanha:

Você pode usar qualquer um desses padrões de tesselação para azulejar seu banheiro, se tiver habilidade suficiente. Tesselações mais ambiciosas e artísticas, geralmente usando formas curvas, foram desenvolvidas pelo artista holandês M. C. Escher (1898-1972). A superfície ainda é completamente coberta, mas agora com permutações e metamorfoses imaginosas (e às vezes assustadoras) de formas como estas:

CAPÍTULO 14

O Que É Normal?

Qual o peso de um bebê? Qual o comprimento de uma jiboia? Com que frequência as pessoas vão ao supermercado?

A resposta às perguntas da página anterior é: "Varia". Mas, embora as respostas sejam diferentes entre os bebês, as jiboias ou os clientes de supermercado, há limites entre os quais podemos esperar que recaiam os exemplos individuais.

Os bebês humanos não vão pesar três nanogramas nem cinco toneladas. A jiboia não vai medir 40 km de comprimento. As pessoas não vão ao supermercado uma vez por minuto nem uma vez por milênio.

O bebê médio

Antes de o bebê nascer, os pais terão expectativas sobre seu peso provável, derivado do conhecimento de outros bebês. Depois do nascimento, o peso real do bebê é determinado e comparado com outros.

O conhecimento prévio do peso médio é útil para os pais ("Devo comprar roupas bem pequenas?") e os profissionais de saúde ("Esse bebê corre risco?"). Depois do fato ocorrido, o conhecimento da média é utilíssimo para os profissionais de saúde responderem a perguntas como: "Esse bebê se afasta tanto do 'normal' que deveríamos nos preocupar?"

À direita, há uma tabela com o peso de alguns recém-nascidos.

É difícil processar mentalmente uma tabela de pesos de bebê, mesmo que sejam listados na ordem crescente. É mais fácil entender o peso dos bebês a partir da média.

Bebê	Peso
1	2,3kg
2	2,3kg
3	2,9kg
4	3,0kg
5	3,2kg
6	3,3kg
7	3,4kg
8	3,5kg
9	3,7kg
10	3,8kg

Bebês medianos

Há três tipos de "média" que podemos calcular:

A média. É o que a maioria das pessoas conhece. Some todos os valores e divida pelo número de valores:

2,3 + 2,3 + 2,9 + 3,0 + 3,2 + 3,3 + 3,4 + 3,5 + 3,7 + 3,8 = 31,4

31,4 ÷ 10 = 3,14 kg.

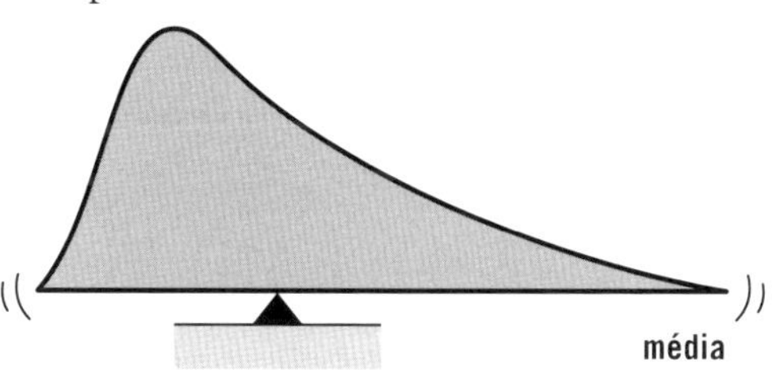

A mediana. Esse é o valor no meio da faixa de variação, ou seja, metade dos valores estão acima, metade, abaixo. Arrume os valores na ordem crescente (como estão na tabela) e escolha o que está no meio da lista. Se o número de valores for par, haverá dois valores no meio. A mediana, então, será a média desses dois; portanto, aqui a mediana é a média de 3,2 kg e 3,3 kg, que é 3,25 kg.

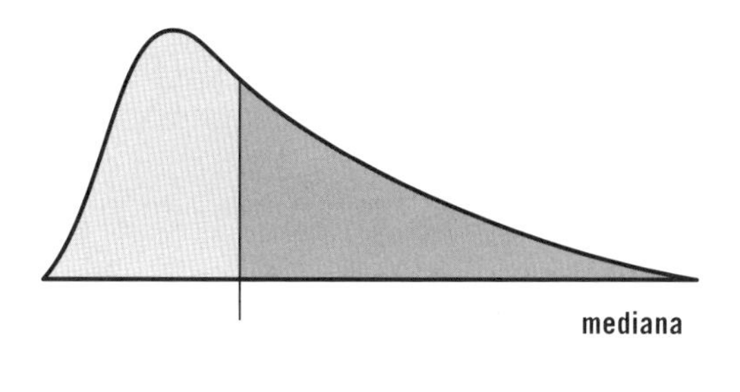

A moda. Esse é o valor que ocorre com mais frequência. Há dois bebês pesando 2,3 kg, mas só um exemplo de todos os outros pesos, então 2,3 kg é a moda.

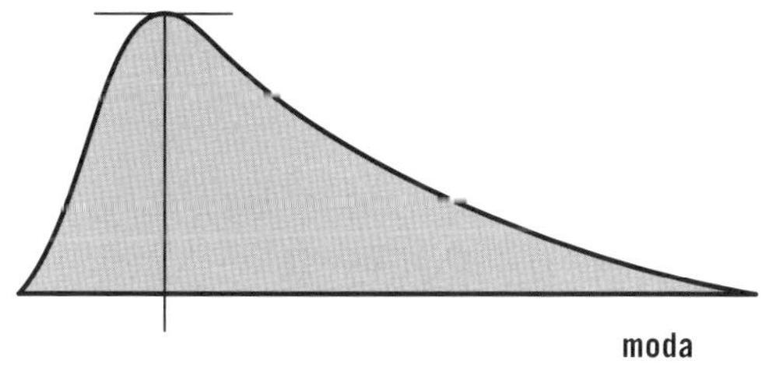

Com um conjunto pequeno de dados, como a tabela de bebês imaginários na página ao lado, a moda pode ser muito enganosa. Se olharmos os valores e formos pela moda, esperaríamos que um bebê pesasse 2,3 kg, mas na verdade isso é muito menos do que o peso da maioria dos recém-nascidos. Como em todas as estatísticas, quanto maior o conjunto de dados, mais confiança podemos ter em qualquer análise. Com um conjunto pequeno como esse, a mediana e a média são mais confiáveis e úteis do que a moda. Realmente, com frequência não há moda, pois cada valor só ocorre uma vez.

Distribuição normal

Um modo mais fácil de olhar um monte de dados é com uma curva em forma de sino, abaixo. Em qualquer extremidade da curva, um número pequeníssimo de bebês será extremamente pequeno ou extremamente grande, mas o peso da maioria dos bebês fica em algum ponto no meio da curva.

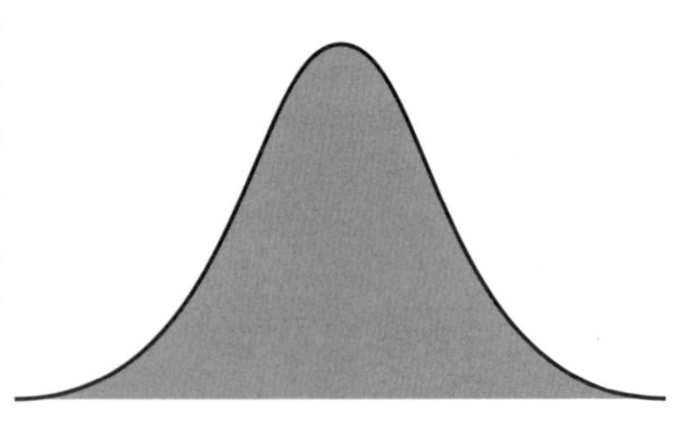

Desvios da norma

Mas que parte da curva vamos chamar de "normal"? É claro que não são só os exemplos que ficam bem no meio. Para ser realmente útil, a curva precisa oferecer mais informações. A informação mais útil é o desvio padrão, representado pela letra grega sigma, σ, que mede até que ponto todos os exemplos diferem da média e é expresso como uma regra ou padrão. Calcula-se com uma fórmula que parece assustadora mas é bem fácil de usar na prática:

$$\sigma = \sqrt{\frac{1}{N}\sum_{i=1}^{N}(x_i - \mu)^2}$$

Ela envolve os seguintes passos, começando dentro dos parênteses:

- De cada valor, subtraia a média de cada valor $x_i - \mu$
- eleve cada diferença ao quadrado: $(x_i - \mu)^2$

Então

- some as diferenças elevadas ao quadrado: $\sum (x_i - \mu)^2$
- divida pelo número de valores que você tem; o resultado se chama variância: $1/N \sum (x_i - \mu)^2$
- calcule a raiz quadrada da variância: σ. Esse é o desvio padrão.

A razão de elevarmos os valores ao quadrado e depois extrairmos a raiz quadrada é que, se não fizermos isso, os valores negativos (casos em que o valor fica abaixo da média) cancelariam os positivos. O desvio padrão de nossa lista de pesos de bebê é 0,5 kg.

O QUE VEM PRIMEIRO?

Quando o cálculo envolve vários passos, pode ser difícil saber em que ordem executá-los. O mnemônico PEDMAS ("pede mais") ajuda:

P – faça primeiro o que estiver dentro dos parênteses (depois colchetes, depois chaves).
E – faça tudo o que tiver um expoente, ou seja, elevar os números a potências ou calcular raízes.
D – em seguida, faça as divisões, indo da esquerda para a direita se houver mais de uma.
M – agora, faça as multiplicações, novamente indo da esquerda para a direita.
A – faça todas as somas, da esquerda para a direita.
S – finalmente, calcule as subtrações, da esquerda para a direita.

Amostra ou população?

Bebê	Peso
1	2,3 kg
2	2,3 kg
3	2,9 kg
4	3,0 kg
5	3,2kg
6	3,3 kg
7	3,4kg
8	3,5kg
9	3,7kg
10	3,8kg

Supusemos que esses bebês eram toda a população de bebês em estudo. No entanto, se quiséssemos usar essa amostra para descobrir o peso de recém-nascidos em geral, teríamos de ajustar levemente o cálculo do desvio padrão. Em vez de dividir por N, dividimos por N – 1. Isso torna o desvio padrão um pouco maior — 0,52 kg em nossa amostra — e dá alguma flexibilidade, porque, inevitavelmente, haverá mais variação na população em geral do que numa amostra, a menos que, por sorte aleatória, você consiga pegar tanto o exemplo maior quanto o menor da população inteira.

Quando olhamos a tabela outra vez, vemos que somente os bebês 1, 2, 9 e 10 estão a mais de um desvio padrão (mais de 0,52 kg) da média de 3,14 kg. Portanto, quem estiver esperando um bebê pode prever com sensatez que o recém-nascido pesará entre 2,6 kg e 3,7 kg.

Percentis

No estudo de uma população grande, podemos encontrar mais informações.

Os percentis (ou centis) indicam em qual percentagem os valores ficam abaixo de um nível específico. O 50º percentil é o meio da faixa, com 50% dos valores mais altos e 50% mais baixos. No 90º percentil, 90% dos valores são mais baixos e só 10% são mais altos. No 2º percentil, só 2% dos valores são mais baixos e 98% deles são mais altos.

Os gráficos de percentil costumam ser usados para mostrar o padrão esperado do crescimento das crianças.

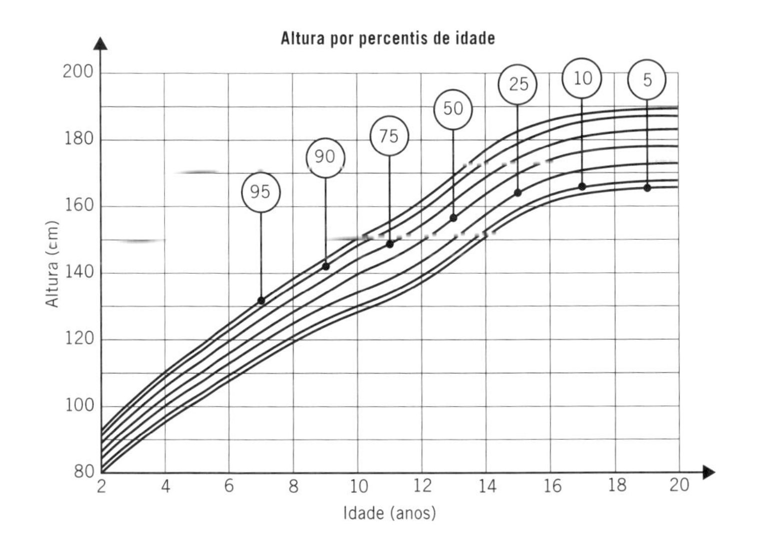

Um gráfico como esse não significa que nunca vá existir crianças maiores do que o 95º percentil ou menores do que o 5º percentil, mas não serão muitas: 90% das crianças se encaixarão em algum ponto entre a linha superior e a linha inferior do gráfico.

As crianças maiores ou menores podem ser acompanhadas, mas necessariamente não há nada errado com elas.

Uma curva normal

Se combinarmos a ideia dos percentis com a curva em forma de sino, podemos picotar a curva em partes que estejam dentro de um, dois ou três desvios padrão da média. Acontece que, em muitos casos, isso se parece com o gráfico da página seguinte.

É a chamada curva de distribuição normal. Muitas coisas reproduzem naturalmente esse padrão, com 68% dos valores dentro de um desvio padrão, 95% dentro de dois desvios padrões e 99,7% dentro de três desvios padrões. Ele se

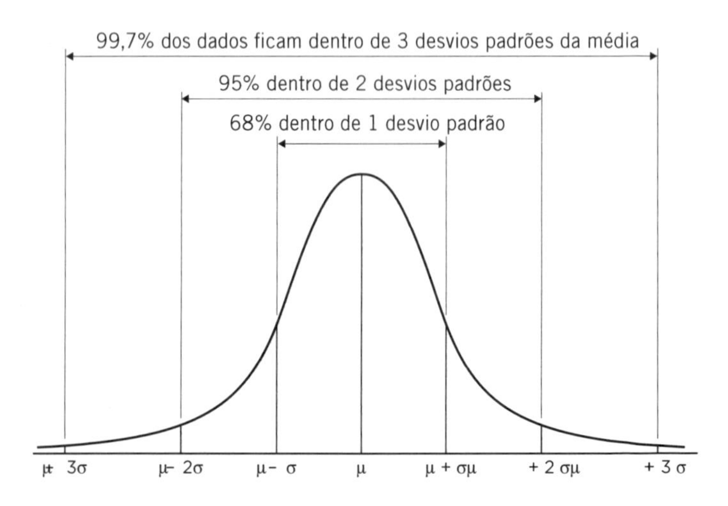

aplica à altura dos seres humanos, aos erros de medidas, à leitura da pressão arterial, às notas do boletim e a muitos outros conjuntos de valores.

Ficar fora da faixa de dois ou três desvios padrões da média pode servir de alerta. Mas os limites também podem ser usados para estabelecer o que é "normal". Suponhamos que seu trabalho seja organizar as provas finais todo ano. Você não pode ter certeza de que as provas de cada ano serão igualmente difíceis nem corrigidas com o mesmo rigor. Mas o que você pode fazer é estabelecer a nota de aprovação de acordo com uma curva de distribuição normal. Se fosse marcar o resultado de todos os alunos e aprovar, digamos, todos os que tirassem nota acima de 0,5 desvio padrão abaixo da média, você poderia usar esse método todo ano para descobrir, entre os alunos, os 69% melhores.

CAPÍTULO 15

Qual o Comprimento de um Pedaço de Barbante?

Nem tudo pode ser contado.

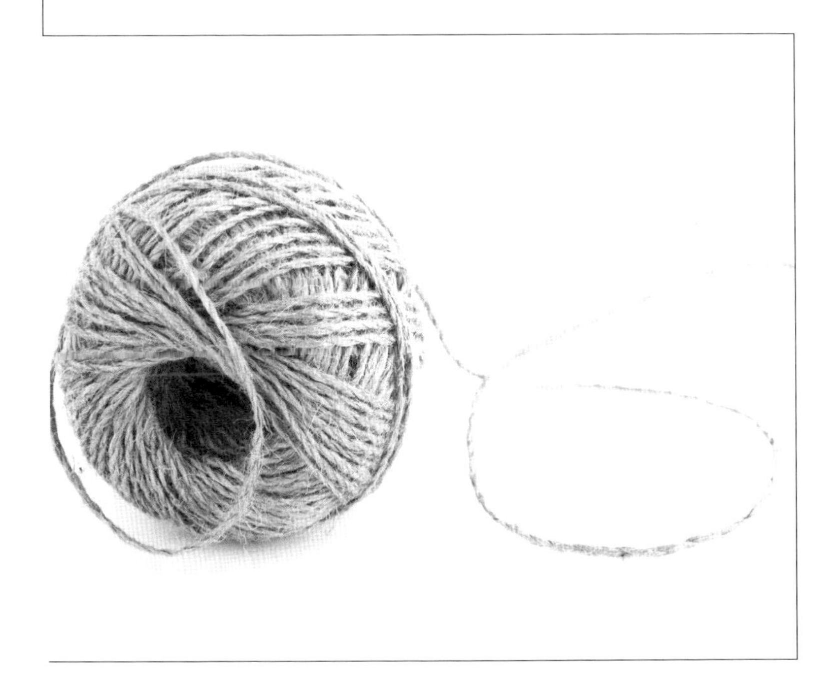

Contar é útil para grupos de objetos, como vacas, bolos, panelas ou ovelhas. Mas nem tudo vem em porções discretas. Em vez disso, medimos continuidades, como tempo, fluidos e coisas que não nos damos ao trabalho de contar, como grãos de areia ou arroz.

Réguas e réguas

As unidades de medida mais antigas que conhecemos se baseavam no corpo humano: o comprimento do passo, a distância da ponta dos dedos ao cotovelo (cúbito) ou o tamanho da articulação superior do polegar (polegada). São unidades bastante boas, desde que você não esteja trabalhando em nada muito preciso nem ambicioso e não precise combinar componentes feitos ou medidos por pessoas diferentes. Mas imagine construir uma grande pirâmide quando cada lado é medido em passos de pessoas diferentes. Até a mesma pessoa pode dar passos de tamanho diferente em cada lado. Nessa situação, a *padronização* logo se tornou útil.

Depois de escolher o braço de alguém — digamos, do faraó ou do arquiteto-mor — para medir o cúbito, seria inconveniente manter essa pessoa ali o tempo todo só para servir de medida, e de qualquer modo ela não poderia estar em mais de um lugar ao mesmo tempo. Um substituto, como uma régua, seria útil. O cúbito real costumava ser representado por uma vara de madeira marcada com divisões, como uma régua moderna. Esse tipo de padronização, que começou cinco mil anos atrás, funcionou bem: a base da Grande Pirâmide de Guizé tem 440 cúbitos de lado, com precisão de 0,05%, ou 115 mm em 230,5 m.

Sistema Internacional

O sistema métrico decimal que é a base das unidades do SI (*Système International*) começou na França em 1799. Hoje, quase o mundo inteiro usa as unidades do SI.

No sistema, há sete unidades básicas estabelecidas em 1960 pela 11ª Conferência Geral de Pesos e Medidas:

- **ampère** (A) - unidade de medida de corrente elétrica
- **quilograma** (kg) - unidade de medida de massa
- **metro** (m) - unidade de medida de comprimento
- **segundo** (s) - unidade de medida do tempo
- **kelvin** (K) - unidade de medida da temperatura termodinâmica (um kelvin é igual a um grau Celsius, mas o ponto de partida é o zero absoluto, equivalente a 273,15°C negativos)

MEDIDAS PARA TODOS

Pessoas do mundo inteiro desenvolveram sistemas de medição diferentes de acordo com o que precisavam medir. Em consequência, há algumas unidades de medida bastante esquisitas, como:

- **corpo do cavalo (2,4 m) nas corridas.**
- ***cow's grass* ("capim da vaca", unidade de área) — terra coberta de capim suficiente para sustentar uma vaca.**
- ***morgen* (unidade de área) — terra que um homem e um boi conseguem arar durante uma manhã, definida pela sociedade jurídica sul-africana em 2007 como 0,856532 hectare (o que parece meio preciso demais).**
- **massa de Júpiter — usada para descrever a massa de exoplanetas, igual a $1{,}9 \times 10^{27}$ kg.**

- **candela** (cd) - unidade de medida de luminosidade
- **mol** (mol) - quantidade de qualquer substância que contenha o mesmo número de partículas elementares (como átomos, íons ou moléculas) de 12 g de carbono-12. Esse número é igual à constante de Avogadro: 6,02214129(27) $\times 10^{23}$ átomos/moléculas.

Há muitas outras unidades do SI definidas em termos dessas unidades básicas. Algumas medidas comuns, como hora, litro e tonelada, não são unidades do SI.

Vinte prefixos oficialmente sancionados são usados com unidades do SI:

Fator	Nome	Símbolo
10^{24}	iota	Y
10^{21}	zeta	Z
10^{18}	exa	E
10^{15}	peta	P
10^{12}	tera	T
10^{9}	giga	G
10^{6}	mega	M
10^{3}	quilo	k
10^{2}	hecto	h
10^{1}	deca	da

Fator	Nome	Símbolo
10^{-1}	deci	d
10^{-2}	centi	c
10^{-3}	mili	m
10^{-6}	micro	µ
10^{-9}	nano	n
10^{-12}	pico	p
10^{-15}	fento	f
10^{-18}	ato	a
10^{-21}	zepto	z
10^{-24}	iocto	y

Na prática, não medimos em megassegundos, mas em meses e anos.

MEDIDA RENEGADA

Em 2001, o estudante americano Austin Sendek propôs o prefixo "hela" para denotar um octilhão (10^{27}) de uma unidade do SI. O Comitê Consultivo de Unidades examinou a proposta e a rejeitou, mas ela foi adotada por alguns sites, como o Google Calculator.

Até que ponto o padrão é padrão?

As ferramentas de medição têm de ser calibradas em relação a um padrão definido que, portanto, tem de ser absolutamente invariável. Isso parece simples, mas não é. Uma régua de madeira pode encolher e se distorcer com a secagem do material; até uma vara de ferro vai se expandir no calor e se contrair no frio.

Hoje, só o quilograma ainda se baseia num padrão físico feito pelo homem. As outras unidades do SI se baseiam em características imutáveis do universo. Por exemplo, a duração do segundo é "9.192.631.770 períodos da radiação correspondente à transição entre os dois níveis hiperfinos do estado fundamental do átomo de césio 133".

Comprido até onde?

Provavelmente, as unidades de medida que mais usamos como indivíduos são as de comprimento ou distância. A maioria de nós lida com medidas que vão de alguns milímetros a centenas ou até milhares de quilômetros, e assim usamos milímetros, centímetros, metros e quilômetros. Mas essa é apenas uma porção minúscula da série completa.

Definição do metro

O metro foi definido inicialmente como $1/_{10.000.000}$ de meio meridiano (isto é, metade da distância em torno da Terra, do Polo Norte ao Polo Sul), medido em 1795. Tinha exatidão de até cerca de meio milímetro. Era representado por um padrão em Paris, uma barra de platina com precisão de cerca de um centésimo de milímetro. Passou a ser um padrão não físico em 1960, e hoje é definido como a distância percorrida pela luz no vácuo em $1/_{299.792.458}$ de segundo — o que indica que talvez fosse melhor redefinir o comprimento do metro como a distância percorrida pela luz em $1/_{300.\ 000,000}$ de segundo, mas já ficamos tempo demais com o metro antigo.

Se um pedaço de barbante tiver centímetros, metros ou até quilômetros de comprimento, tudo bem; mas se ele tiver de se estender daqui a Netuno, seria melhor medi-lo em UA — *Unidades Astronômicas* (que não é uma unidade do SI). Uma UA é a distância média do centro da Terra ao centro do Sol, ou 149.597.870.700 m.

O METRO NÃO É BASTANTE BOM

Quando Anders Ångstrom desenvolveu sua unidade em 1868, o padrão do metro era uma barra de platina guardada em Paris. Para lidar com uma unidade tão pequena que pode ser usada para medir a distância entre os átomos, uma barra de metal não é o melhor padrão; e se alguns átomos a mais grudassem numa das pontas? No começo, Ångstrom cometeu um erro de cerca de uma parte em 6.000, e assim mandou conferir sua barra de metal com a de Paris. A comparação não foi muito precisa, e seus cálculos corrigidos foram piores do que os originais. Em 1907, o ångstrom foi redefinido: o comprimento de onda da linha vermelha do cádmio no ar é igual a 6.438,46963 ångstroms.

Fora do sistema solar, as unidades de medida ficam ainda maiores. Os astrônomos usam unidades que seriam completamente inúteis na Terra.

Um *ano-luz* é a distância que a luz percorre em um ano: 9.460.000.000.000 km. Medir em anos-luz tem uso limitado dentro do sistema solar. É melhor medir em *minutos-luz* (distância que a luz percorre em um minuto) e *horas-luz*. A Terra está a 499 segundos-luz do Sol, ou seja, a luz solar leva oito minutos e dezenove segundos para chegar à Terra. Se o Sol explodisse neste instante, você teria pouco mais de oito minutos de abençoada ignorância antes de descobrir. Netuno está a 30 UA ou 4,1 horas-luz do Sol.

Os astrônomos não gostam muito dos anos-luz; eles são uma unidade de medida cuja aparência não é muito científica. Eles preferem usar parsecs. O nome vem de "paralaxe de um segundo de arco". Um parsec tem 3,26 anos-luz ou 206.265 UA.

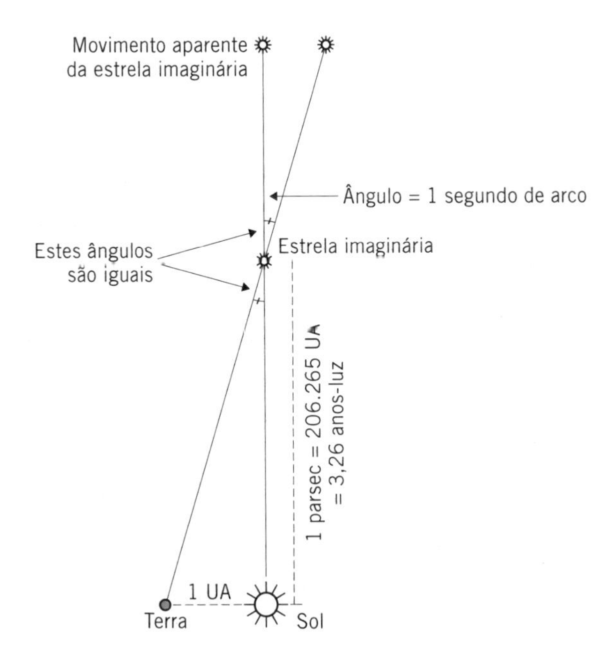

Embora não falemos em quiloUA ou quiloano-luz, falamos em quilo e megaparsecs. Um *megaparsec* é um milhão de parsecs, ou cerca de duzentos bilhões de vezes a distância entre a Terra e o Sol, e um *gigaparsec* é um bilhão de parsecs. Acredita-se que o diâmetro do universo observável seja de uns 28 gigaparsecs. Parece improvável que algum dia precisemos de uma unidade de medida maior do que o gigaparsec. Um pedaço de barbante não será grande demais para ser medido em gigaparsecs.

Ou curto até onde?

Se o pedaço de barbante for supercurto, podemos medi-lo em ångstroms (Å); 1Å é 10^{-10} m, ou um décimo bilionésimo de metro. A distância entre os centros de dois átomos de carbono num diamante é de cerca de 1,5 Å.

A maior parte do átomo é espaço vazio. Embora o átomo de carbono possa medir 1,5 Å de diâmetro, os prótons e nêutrons do núcleo têm cerca de $1{,}6 \times 10^{-15}$ m, ou 1,6 fentômetro de diâmetro. O resto do espaço é patrulhado de maneira bastante aleatória pelos elétrons. Acredita-se que um elétron tenha entre 2×10^{-15} m e 10^{-16} m de diâmetro, embora isso seja enganoso, porque também se diz que o elétron não tem extensão espacial definida — isto é, ele não ocupa nenhum espaço. Com uma régua marcada em fentômetros, você poderia andar por aí medindo elétrons e núcleos atômicos.

Curto e supercurto

Ótimo — mas se você tivesse uma régua de apenas um milésimo de fentômetro de comprimento, uma régua de um atômetro, marcada com zeptômetros (um milésimo de atômetro)? O que seria possível medir com ela? Você poderia medir os quarks maiores (um tipo de partícula subatômica), mas a maioria dos quarks é menor do que um zeptômetro (10^{-21} m), e você precisaria de uma régua nova, talvez uma régua de um zeptômetro dividida em ioctômetros. (Se pensar na régua de um fentômetro como se tivesse um quilômetro de comprimento, o ioctômetro seria um milionésimo de milímetro — e não se esqueça de que, em si, o fentômetro é menor do que o núcleo de um átomo.)

Agora podemos medir o *neutrino* (outro tipo de partícula sub-atômica), que tem apenas um ioctômetro (10^{-24} m) de diâmetro. Mais uma vez, na verdade a partícula não ocupa espaço da maneira normal, mas esse é o raio do espaço sobre o qual sua força atua. (Pense na maneira como medimos a largura de um furacão: não há um objeto físico que seja um furacão, mas nos contentamos em pensar que a área em que ele atua define seu tamanho.) Um neutrino tem um bilionésimo do tamanho do elétron, e se um neutrino tivesse o tamanho de uma maçã, o elétron teria mais ou menos o tamanho de Saturno, ou dez vezes o tamanho da Terra.

No fim da escala

Não há partícula conhecida menor do que um ioctômetro mas ainda há uma unidade de medida menor. Acredita-se que o comprimento de Planck seja a menor unidade de comprimento que possa existir. Embora teoricamente pudéssemos continuar criando unidades cada vez menores, elas não teriam uso prático. Abaixo do tamanho do comprimento de Planck, que é de 10^{-35} m, as leis da física não se aplicam, e assim a própria medição se torna impossível. As únicas coisas que podem ser medidas em comprimentos de Planck são as espumas quânticas e as cordas, no terreno da física teórica (se existirem). Se uma maçã tivesse um comprimento de Planck de diâmetro, o elétron teria mais de dez milhões de anos-luz, e um átomo de carbono seria maior do que o universo observável.

Cordas e coisas

Uma teoria da física moderna sugere que tudo — todas as partículas subatômicas e, portanto, tudo o que é construído com elas — é feito de minúsculas cordas vibrantes de energia. Essas cordas são minúsculas — muito, muito minúsculas. São medidas em comprimentos de Planck. Se um único átomo de hidrogênio fosse do tamanho do universo observável, a corda teria o tamanho de uma árvore. Portanto, seria melhor substituir "qual o comprimento de um pedaço de barbante?" por "qual o comprimento de um pedaço de corda?".

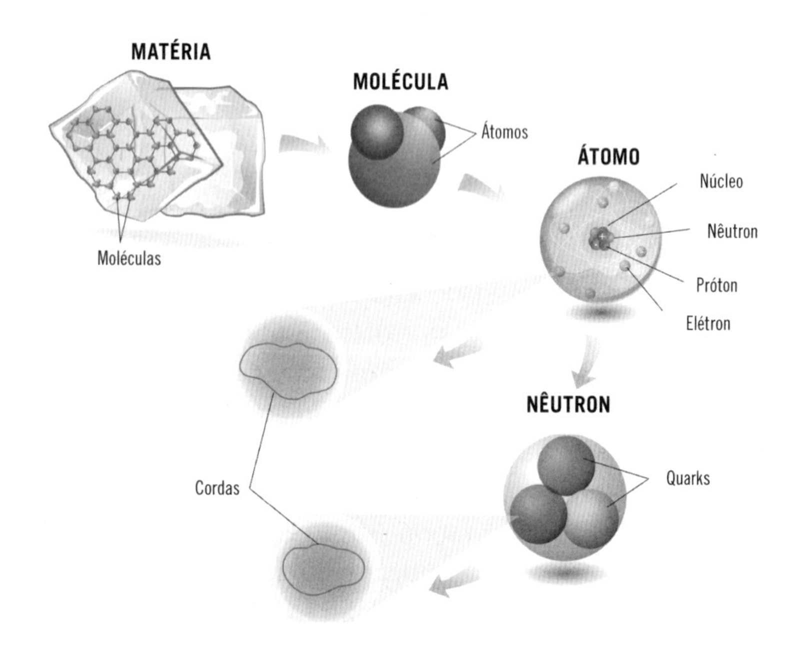

CAPÍTULO 16

Até Que Ponto Sua Resposta Está Certa?

Você não mediria uma baleia em milímetros nem um átomo em quilômetros.

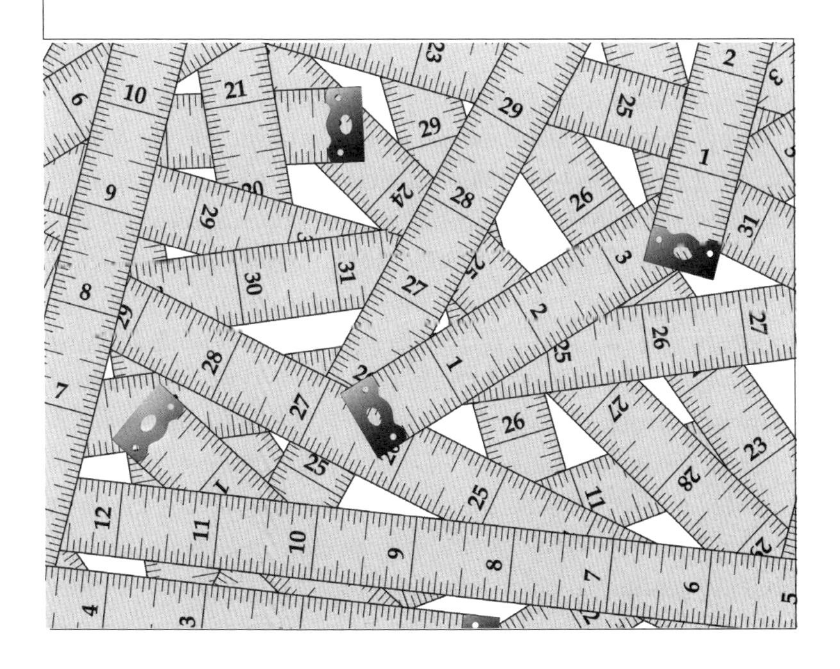

Temos várias unidades de medida (ver o Capítulo 15) para escolhermos a mais adequada àquilo que estamos medindo.

Escolha uma unidade...

Quando uma unidade é grande demais para o item medido, temos decimais absurdos ou inexatidão. Suponhamos que um cachorro tenha 69 cm de altura. Essa é uma boa unidade. Não seria bom dizer que o cachorro tem 0,0069 km de altura.

O volume do Oceano Pacífico é de cerca de 660 milhões de km^3 — mas não compramos leite em quilômetros cúbicos. Como guia, se houver muitos zeros antes ou depois dos algarismos interessantes (significativos), provavelmente seria melhor escolher outra unidade.

Contar e calcular

Contar é bastante simples; podemos facilmente contar quantas pessoas há numa sala ou a quantidade de carros num estacionamento. Mas é difícil contar números muito grandes, números que não são estáveis ou números não limitados com firmeza. Não podemos contar os grãos de areia de uma praia por três razões: eles são muitíssimos, o número muda com a maré e o tráfego sobre a praia e não há um limite definido da praia. Onde começar e parar de contar? E até que profundidade você ainda vai chamar de "praia"?

Para dar um número nessas circunstâncias, podemos calcular ou estimar. Se um estacionamento de dez andares estiver lotado e todos os andares tiverem a mesma planta, podemos contar os carros de um andar e multiplicar por dez para descobrir o total de carros. A resposta provavelmente será muito precisa. Se houver 80 vagas em cada andar, o estacionamento cheio poderá conter 800 carros — ou talvez, num dia específico, 799 ou 798 se um ou dois carros estiverem mal estacionados.

Calcular e estimar

E balas num vidro? Adivinhar o número é um desafio comum em festas ou feiras.

É mais fácil quando todas as balas são do mesmo tamanho e formato (de preferência, esferas ou cubos) e o vidro tem sempre a mesma largura. O número total de balas chegará perto do número de balas numa camada vezes o número de camadas de balas empilhadas até em cima. Não se preocupe em converter para uma unidade regular; aqui, a bala é a melhor unidade.

Num vidro redondo, conte (ou chute, se não quiser parecer *nerd* nem desonesto) o número de balas numa coluna de cima abaixo e o número de balas na circunferência do vidro (ou em metade da circunferência e multiplique por dois).

Calcule da seguinte maneira, sendo h a altura, c, a circunferência do vidro em balas e d, o diâmetro.

$C = \pi d$, portanto $d = c/\pi$

Volume em balas $= h \times \pi \times (1/2d)^2$

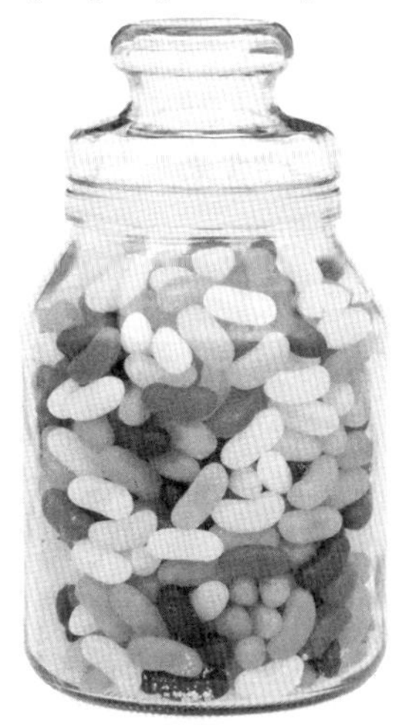

É mais difícil chegar a uma boa estimativa se as balas tiverem tamanhos e formatos diferentes (partículas polidiversas, em *ciencês*) ou se o vidro for bem pequeno ou tiver um formato incomum. Há maneiras de fazer essa estimativa, elaboradas por cientistas que desenvolveram um método para calcular a densidade de empacotamento do ponto de vista de uma das balas (partículas, nas experiências), mas será ir um pouco longe demais para uma brincadeira de festa. Você pode fazer uma boa estimativa contando várias linhas e colunas de balas e tirando a média para usar na fórmula.

(De qualquer modo, esse jogo provavelmente vai acabar; hoje há aplicativos para celular que calculam o número de balas no vidro.)

Amostragem

Pelo menos, as balas não estão entrando e saindo do vidro nem se mexendo dentro dele. Também não se escondem de você. E se você quisesse calcular quantas gralhas vivem num bosque? Elas vêm e vão, se escondem nos ninhos e são muitas. O melhor método talvez seja observar uma amostra de árvores durante algum tempo e extrapolar a partir daí, multiplicando o número estimado de gralhas pelo número estimado de árvores.

Amostragem é o método usado nas pesquisas de opinião para prever como as pessoas votarão ou para estimar números como o consumo de álcool ou a distância percorrida até o trabalho. Para obter um resultado que se possa considerar confiável e estatisticamente útil, a estimativa baseada em amostragem precisa usar uma amostra representativa com tamanho adequado. Se você quiser estimar o número de vegetarianos no Canadá, a resposta não será confiável se a amostra forem 15 idosos numa casa de repouso nem se forem cem mocinhas num campus universitário.

Encontre as pessoas certas

Para ser representativa, a amostra precisa ser grande e diversificada a ponto de refletir a formação da população. Portanto, para representar a população do Canadá, uma pesquisa de opinião precisa incluir homens e mulheres de todas as idades, etnias e grupos socioeconômicos, mais ou menos na mesma proporção em que são encontrados em todo o país. É o chamado *perfil demográfico.*

Descobrir o tamanho correto da amostra é um processo bastante técnico que você precisaria conhecer se fosse realmente realizar uma pesquisa de opinião.

Se só estiver lendo o resultado nos meios de comunicação, procure o tamanho da amostra e o perfil demográfico para ter uma ideia geral de até que ponto os resultados são confiáveis. Em geral, quanto maior a proporção de pessoas na amostra, mais se pode confiar no resultado — mas só se os pesquisadores tomaram o cuidado de encontrar uma amostra representativa.

Amostra representativa

A tabela da página 146 mostra mais ou menos quanta confiança você pode ter no resultado de amostras e populações de tamanho diferente. Por exemplo, se a população tiver mais de um milhão de pessoas (como teria no Canadá), para obter um resultado com margem de erro de apenas 1% (isto é, com ±1% de acurácia na resposta), você terá de entrevistar 9.513 pessoas. Então será possível ter 99% de confiança no resultado.

Mais uma vez, o uso de uma amostra representativa é fundamental. Se quisesse descobrir os hábitos alimentares da população do Canadá, uma amostra de hinduístas (geralmente vegetarianos) ou de lenhadores (que geralmente comem carne) não traria uma resposta confiável.

População	Margem de erro			Nível de confiança		
	10%	5%	1%	90%	95%	99%
100	50	80	99	74	80	88
500	81	218	476	176	218	286
1.000	88	278	906	215	278	400
10.000	96	370	4.900	264	370	623
100.000	96	383	8.763	270	383	660
1.000.000	97	384	9.513	271	384	664

Números significativos

Um sinal de inabilidade no processamento e na divulgação de estatísticas é sugerir um nível falso de acurácia dando mais *algarismos significativos* do que seria sensato. Os algarismos significativos são aqueles que têm significado, que mostram detalhes genuínos do número; não incluem zeros que estejam ali só para ocupar lugar. O número 103,75 tem cinco algarismos significativos, e o mais significativo deles é 1, porque mostra que o número é cem e alguma coisa. O número 121.000 provavelmente só tem três algarismos significativos, a não ser que o número indicado seja *exatamente* 121.000.

Limitamos os algarismos significativos quando arredondamos para cima ou para baixo. Quando é provável que o resultado de um cálculo não seja muito preciso, é aceitável arredondá-lo para os algarismos que provavelmente estão certos. Por exemplo, se você contou os grãos de areia de uma colher de chá e depois calculou que há 445.341.909 grãos num recipiente de areia, isso é preciso, mas provavelmente não muito acurado. Seria sensato arredondar para 450.000.000 ou 400.000.000, já que, num cálculo desses, não se tem exatidão de menos de 50.000. É comum dizer que a população do mundo, impossível de medir com exatidão e que muda o tempo todo, é de sete bilhões de pessoas. Uma estimativa atual (de 2015) é de 7.324.782.000. Um número mais preciso não seria mais acurado e sugeriria que sabemos mais do que sabemos.

Às vezes, um cálculo gera um resultado com mais algarismos significativos do que é adequado mostrar. Suponha que você queira saber a área de um tapete circular com diâmetro de 120 cm. A expressão que dá a área do círculo é πr^2, e um círculo com 60 cm de raio tem área de 11.309,7336 cm^2. Na maioria dos casos, 11.330 cm^2 já teria precisão suficiente. De qualquer modo, não é adequado incluir os algarismos depois da vírgula, porque o raio do tapete não foi medido com esse nível de precisão. Incluí-los indicaria uma precisão maior do que a obtida na verdade.

EXATAMENTE PI?

O pi (símbolo π) é um número irracional, ou seja, os algarismos depois da vírgula continuam para sempre numa sequência sem fim. Embora os computadores já tenham calculado bilhões de casas de π, os matemáticos acreditam que em geral não faz sentido usar mais de 39 casas decimais, porque isso é suficiente para calcular o volume do universo conhecido com variação de um átomo.

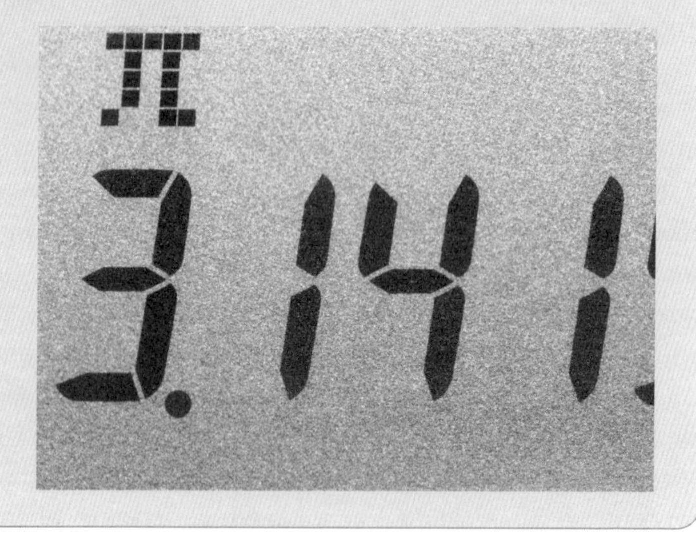

CAPÍTULO 17

Vamos Todos Morrer?

As pandemias são assustadoras.

Uma pandemia é uma epidemia que se espalha por continentes ou até pelo mundo inteiro.

Uma praga em todas as casas

A pandemia mais famosa é a Peste Negra, que, entre 1346 e 1350, matou até cinquenta milhões de pessoas na Ásia, na Europa e na África. A maioria dos historiadores da medicina acha que foi uma forma particularmente cruel de *Yersinia pestis,* a bactéria que causa a peste bubônica. A grande pandemia seguinte foi causada por uma nova cepa de gripe em 1918-1919. Ela se espalhou pelo mundo e matou de cinquenta a cem milhões de pessoas. O número é semelhante ao dos mortos pela Peste Negra, mas a população mundial era muito maior em 1918 (quase dois bilhões de habitantes) do que em 1346 (cerca de quatrocentos milhões). Será que pode acontecer de novo?

Devemos ter medo?

E bastante tranquilizador que pandemias globais nessa escala só tenham acontecido duas vezes, embora algumas epidemias quase tenham chegado lá. Com os padrões e a velocidade das modernas viagens internacionais, a Peste Negra só levaria semanas ou meses para se espalhar pelo mundo, como aconteceu com a Covid-19, e não os anos que levou na Idade Média, quando ninguém conseguia se deslocar mais depressa do que um cavalo correndo (ou, em geral, andando com dificuldade). Hoje a matemática é bem diferente.

O guia do sucesso dos patógenos

As doenças epidêmicas e pandêmicas como a gripe e a peste bubônica são causadas por patógenos, geralmente bactérias ou vírus. Para provocar uma pandemia, o patógeno precisa:

- ser facilmente transmitido entre as pessoas;
- ser transmissível antes que as pessoas fiquem tão doentes que não consigam sair e ter contato com outras possíveis vítimas, e
- deixar as pessoas viverem tempo suficiente para ser transmitido.

Idealmente, o patógeno precisa saber um pouco de matemática para acertar tudo.

De novo, de novo e de novo — taxa de reprodução

O número fundamental para determinar se uma pandemia pode ocorrer é o número de reprodução básica da doença, chamado de R_0. É um cálculo de quantas pessoas um caso isolado típico infectará no período em que estiver infeccioso — isto é, até morrer ou sarar e não estar mais infeccioso. Quanto mais alto for R_0, maior a probabilidade de o patógeno causar uma pandemia. Num modelo simples, quando $R_0 < 1$ não haverá pandemia; se $R_0 > 1$, haverá, mas na prática a situação é um pouco mais complicada. R_0 pode ser calculado coletando dados sobre casos individuais e acompanhando seus contatos e taxa de infecção ou coletando dados sobre a taxa de infecção numa população inteira. Geralmente, os dois métodos dão resultado bem diferente, o que faz da *epidemiologia* (o estudo das pandemias) um desafio.

Para calcular R_0:

$$R_0 = \tau \times \bar{c} \times d$$

O τ é a transmissibilidade, isto é, a probabilidade de infecção quando a pessoa infectada entra em contato com uma pessoa suscetível. Se a pessoa infectada tiver contato com quatro pessoas e uma delas for infectada, a transmissibilidade é 1 em 4, ou $1/4$.

O $\bar{c}$ é a taxa média de contato entre indivíduos suscetíveis e infectados, calculada como contatos divididos pelo tempo. Se houve 70 contatos em uma semana entre uma pessoa infectada e uma pessoa suscetível, a taxa de contato diário é $70/7 = 10$.

O d é a duração da infecciosidade — o tempo em que alguém permanece infeccioso (na mesma unidade de tempo em que $\bar{c}$ foi calculado).

Se uma doença deixa as pessoas infecciosas durante quatro dias, a transmissibilidade é $1/4$ e a taxa de contato é 10, então

$$R_0 = 1/4 \times 10 \times 4 = 10$$

Esse patógeno tem uma boa probabilidade de infectar muita gente!

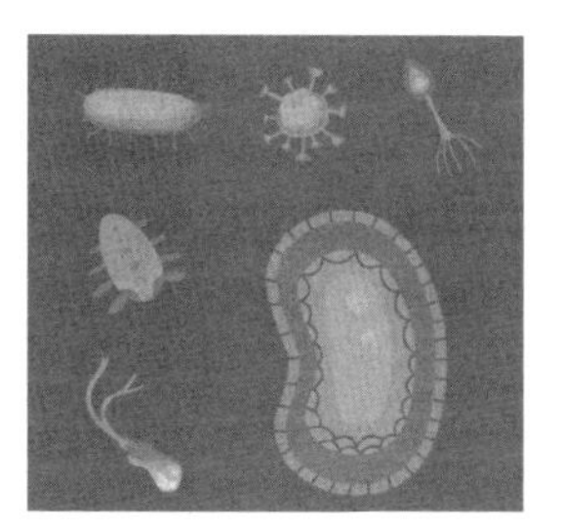

Outro fator importante é quantas pessoas são suscetíveis. As pessoas não são suscetíveis se forem imunes porque já tiveram aquela doença específica ou porque foram vacinadas. Com uma nova cepa ou doença, todos provavelmente serão suscetíveis, o que torna muito mais fácil que a doença se espalhe.

Em geral, quanto mais alto o valor de R_0, mais difícil controlar a disseminação da doença. Como há muitas maneiras de calcular R_0, algumas práticas e outras teóricas, os números não são muito confiáveis nem, necessariamente, comparáveis de forma direta. Mas são os melhores que temos — nesse caso, os patógenos estão na nossa frente.

Não somos números

R_0 sempre será uma aproximação. Em geral, ele se baseia no pressuposto de que a população e o número de contatos dentro dela são *homogêneos* (igualmente misturados). Mas raramente isso acontece na realidade, porque algumas pessoas serão mais vulneráveis do que outras. Por exemplo, algumas pessoas vão se misturar com um grupo grande mas não homogêneo, como professores em contato com grupos de crianças ou idosos que moram numa casa de repouso. Os que moram sozinhos ou em comunidades remotas só terão contato limitado com outras pessoas.

Tudo muda

O valor R_0 de uma doença muda no decorrer de uma epidemia ou pandemia. Dois valores do cálculo, a transmissibilidade e a taxa de contato, dependem do número de pessoas suscetíveis, que diminui com a continuação da epidemia; as pessoas não são mais suscetíveis depois que pegam a doença e se recuperam (ou morrem).

No começo, todos os contatos da pessoa infectada são suscetíveis (numa população não vacinada):
Mais adiante na epidemia, muitos contatos já tiveram a doença e não são mais suscetíveis:

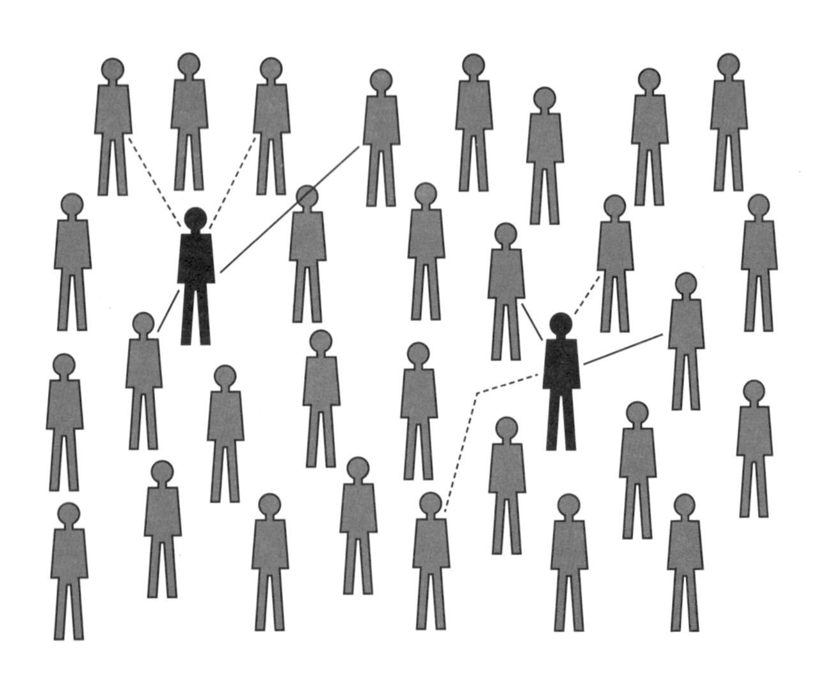

CUIDADO, DOENÇAS

Valor R_0 aproximado de algumas doenças epidêmicas comuns:

Doença	R_0
Sarampo	12-18
Coqueluche	12-17
Difteria	6-7
Poliomielite	5-7
Síndrome respiratória aguda grave	2-5
Gripe (pandemia de 1918)	2-3
Ebola (surto de 2014)	1,5-2,5

R_0 inicial = 2

Suscetíveis = 30

Infectados = 2

— Contatos que resultam em infecção

---- Contatos que não resultam em infecção

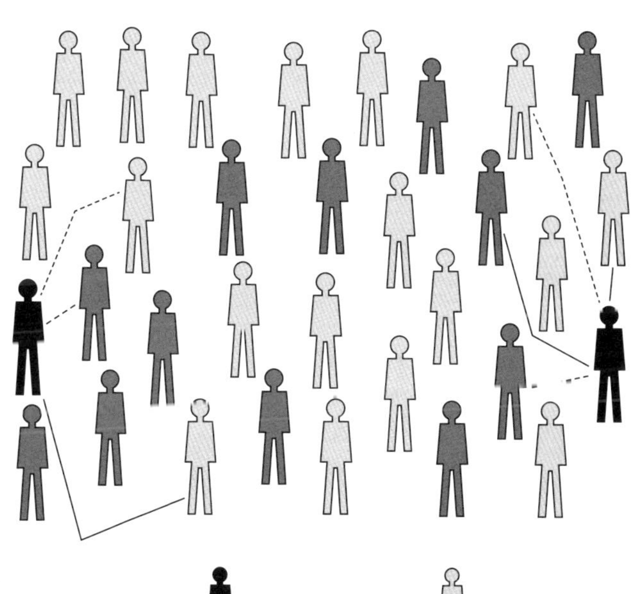

Suscetíveis = 12

Infectados = 2

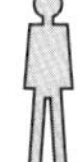

Recuperados = 18

Com a epidemia mais avançada, a taxa R_0 será mais baixa. Finalmente, ela cairá abaixo de um e a epidemia terminará.

Vá se picar!

As vacinas funcionam reduzindo o número de pessoas suscetíveis numa população. Se a maioria for vacinada, a probabilidade de uma pessoa infecciosa entrar em contato com uma pessoa suscetível é baixa, e a epidemia não começa. É a chamada *imunidade de grupo*, que ajuda a proteger quem não pode tomar vacinas (porque têm câncer ou HIV, por exemplo), e funciona porque reduz a probabilidade de essas pessoas entrarem em contato com alguém infectado, porque a maioria das pessoas encontradas estará imunizada. Se encontrarem a doença, não terão proteção pessoal contra ela, e quanto maior a imunidade do grupo mais seguras essas pessoas ficarão.

$$1 - {}^{1}/R_0$$

Isso significa que, se houvesse uma ameaça de epidemia de uma gripe fatal com R_0 de 3, $1 - {}^1/_3 = {}^2/_3$ das pessoas teriam de ser vacinados para prevenir a epidemia.

O sarampo tem um R_0 de 12 a 18. Vamos dividir a diferença e usar 15 para simplificar. Isso significa que $1 - {}^1/_{15} = {}^{14}/_{15}$, ou 93% das pessoas, têm de ser vacinados para impedir que o sarampo se espalhe numa população.

Cerca de 20% dos americanos acreditam erroneamente que a vacinação pode causar autismo, e por essa razão alguns se recusam a permitir que os filhos sejam vacinados. Nos EUA, o nível nacional de vacinação era de 91,1% em

2015, mas em algumas áreas caiu a até 81% em crianças de creche e pré-escola, tornando essas áreas mais vulneráveis a uma epidemia de sarampo.

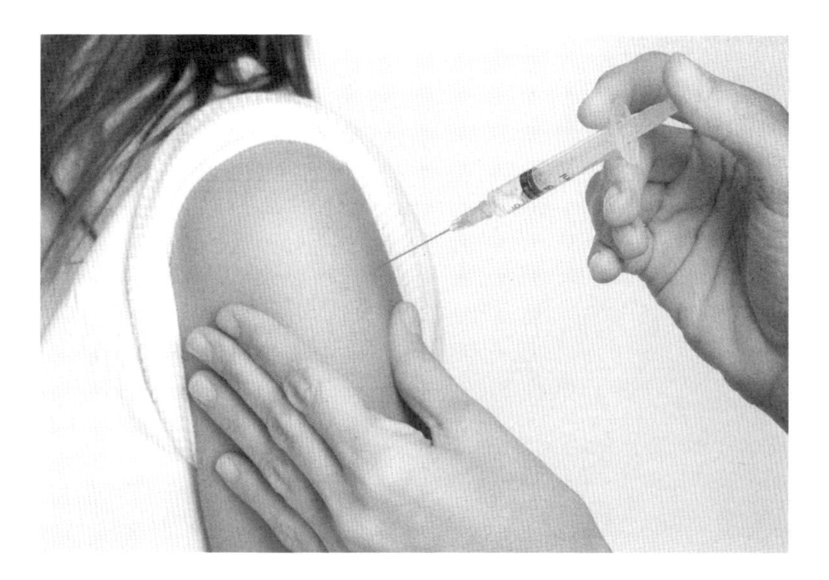

CAPÍTULO 18

Cadê os Alienígenas?

Sem dúvida não somos a única forma de vida inteligente do universo.

Só em nosso cantinho do universo, a Via Láctea, acredita-se que haja trezentos a quatrocentos bilhões de estrelas. Nossa galáxia nem é muito grande; as galáxias elípticas gigantes têm cerca de cem trilhões de estrelas cada. Com (provavelmente) mais de 170 bilhões de galáxias no universo observável, pode haver de 10^{22} a 10^{24} estrelas. Até 10^{22} estrelas são dez mil estrelas para cada grão de areia em todas as praias do mundo, e 10^{24} são um milhão de estrelas para cada grão de areia. Seria de uma arrogância incrível supor que somos tão especiais que não haverá outras civilizações tecnologicamente avançadas num universo de 10^{22} estrelas.

Universo observável

O universo observável é uma esfera centrada na Terra com cerca de 92 bilhões de anos-luz de diâmetro. Pode haver muito universo além disso, mas não podemos saber, porque qualquer luz que sair dele ainda não nos atingiu, nem depois de 13,8 bilhões de anos. Provavelmente, há muito mais universos que não conhecemos. A probabilidade de que nós, por coincidência, estejamos bem no meio de um universo esférico é minúscula.

Assim, parece extremamente provável que existam seres inteligentes em outros pontos do universo, mas podem estar longe demais para entrar em contato conosco, mesmo que queiram. E a probabilidade de vida inteligente entre os trezentos a quatrocentos bilhões de estrelas que formam nossa galáxia? Isso é algo que talvez possamos responder... um dia.

O paradoxo de Fermi

O físico italiano Enrico Fermi (1901-1954) observou, em 1950, que, se a inteligência é comum no universo, por que não tivemos nenhum contato com alienígenas nem vimos nenhuma prova deles? É uma pergunta que tem intrigado os astrônomos desde então e provocou muitas teorias sobre barreiras ao desenvolvimento tecnológico ou à evolução e sobrevivência das espécies, além de reforçar a antiga questão de sermos realmente muito especiais.

Enrico Fermi ficou famoso pela criação do reator nuclear. Ele fez seu comentário sobre alienígenas numa conversa informal na hora do almoço. Desde então, a busca de vida alienígena em nosso universo disparou... como um foguete.

TAMANHO E VELOCIDADE DA LUZ

O raio do universo observável é maior do que 13,8 bilhões de anos-luz, embora se admita que o universo tenha 13,8 bilhões de anos. Isso porque a expansão do espaço empurrou as partes mais distantes para mais longe durante todo esse tempo. A luz que partiu em sua jornada até nós 13,8 bilhões de anos atrás vem de objetos que agora estão a cerca de 46 bilhões de anos-luz de distância.

A equação de Drake

> ***"Vida inteligente no universo? Garantido. Vida inteligente em nossa galáxia? É tão avassaladoramente provável que aceito quase qualquer aposta que você propuser."***
>
> Paul Horowitz, líder do SETI (Search for Extra-Terrestrial Intelligence, ou busca por inteligência extraterrestre, 1996)

A equação de Drake tenta estabelecer parâmetros para a probabilidade de vida inteligente fora da Terra, mas dentro de nossa galáxia. Ainda não temos dados para substituir todas as variáveis, mas ela mostra como se pode fazer o cálculo da probabilidade se tivéssemos os dados corretos. Há algumas versões um pouquinho diferentes. A mais intuitiva é assim:

$$N = N^* \times f_p \times n_e \times f_l \times f_i \times f_c \times f_L$$

onde:

N = número de civilizações cujas emissões eletromagnéticas são perceptíveis em nossa galáxia (ou seja, que estão em nosso atual cone de luz, ver diagrama abaixo)

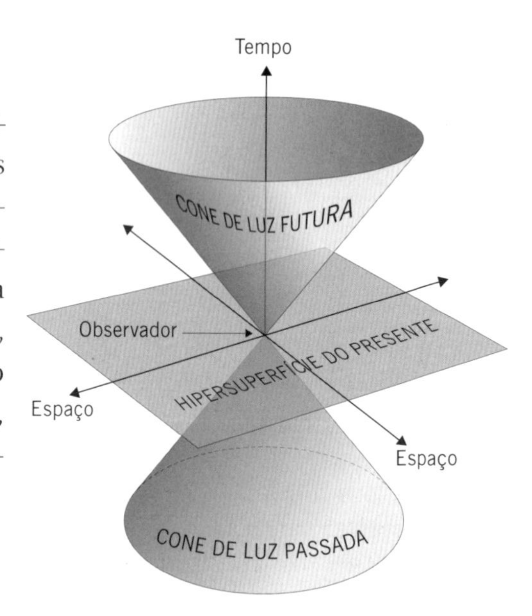

e

N* = número de estrelas na Via Láctea

$\mathbf{f_p}$ = fração dessas estrelas que têm planetas
$\mathbf{n_e}$ = número médio de planetas por sistema solar com potencial de sustentar a vida
$\mathbf{f_l}$ = fração de planetas que poderiam sustentar vida e que realmente desenvolvem vida em algum momento
$\mathbf{f_i}$ = fração de planetas com vida que desenvolvem vida inteligente (civilizações)
$\mathbf{f_c}$ = fração das civilizações que desenvolvem tecnologia para liberar no espaço sinais perceptíveis de sua existência
$\mathbf{f_L}$ = fração da vida do planeta durante a qual vivem as civilizações que se comunicam.

Embora a probabilidade contra a vida inteligente pareça muito grande, lembre-se de que estamos partindo de trezentos ou quatrocentos bilhões de estrelas em nossa galáxia e que cada vez parece mais provável que *ter* planetas seja a norma, não a exceção. Vamos experimentar com alguns números, todos hipotéticos.

Digamos que 15% das estrelas da galáxia sejam semelhantes ao Sol e possam ter planetas ($\mathbf{f_p}$). Isso fica mais ou menos no meio da faixa atual de estimativas, de 5% a 22%.

400 bilhões × 0,15

Em nosso sistema solar de planetas, Marte, além da Terra, é o único planeta que se acredita já ter sustentado vida ou que tenha esse potencial, e faremos $\mathbf{n_e} = 2$:

400 bilhões × 0,15 × 2

Muitos cientistas acreditam que a vida começou na Terra depois de apenas um bilhão de anos, mais ou menos. Isso significa que a vida tem muita probabilidade de começar se

PLANETAMANIA

Até recentemente, não sabíamos se outras estrelas da Via Láctea tinham planetas. Mas agora a busca de exoplanetas (planetas fora de nosso sistema solar) está bem adiantada e encontrando muitos deles. Em abril de 2015, conheciam-se mais de 1.900 exoplanetas em mais de 1.200 sistemas planetários.

as condições forem corretas? Mas não encontramos vida em outros planetas e luas do sistema solar que parecem capazes de sustentar vida, e isso sugere que talvez ela não apareça tão prontamente. Não sabemos.

As estimativas da probabilidade de surgimento de vida variam de 100% (se a vida pode surgir, surgirá) a quase zero (é raríssimo que surja). Vamos escolher um número deste internavo e dizer 10% (f_l):

400 bilhões × 0,15 × 2 × 0,1

Quantos desses planetas terão formas de vida que evoluam para a inteligência (f_i)? Isso é dificílimo de adivinhar. Alguns cientistas acham que a inteligência é tão vantajosa que acabará surgindo, portanto seria perto de 100%; outros acham que é raríssima. Vamos escolher 1%:

400 bilhões × 0,15 × 2 × 0,1 × 0,01

Agora tudo fica extremamente especulativo. Não fazemos ideia da probabilidade de uma espécie inteligente construir uma civilização tecnológica e produzir sinais eletromagnéticos perceptíveis (f_c). Pode ser 1 em 10 ou 1 em um milhão. Vamos escolher 1 em 10.000.

400 bilhões × 0,15 × 2 × 0,1 × 0,01 × 0,0001 = 12.000

Portanto, temos doze mil civilizações na Via Láctea capazes de produzir sinais que possamos detectar. Isso parece promissor, mas o mais importante é que elas precisam se superpor a nós no tempo — ou melhor, a chegada de suas transmissões precisa se superpor a nós no tempo.

Se uma civilização permanece capaz de atividade eletromagnética durante dez mil anos (duração da civilização humana até agora) e seu planeta dura dez bilhões de anos, então f_L é: $10^3 \div 10^9 = 1/10^{-6}$

$12.000 \times 10^{-6} = 0{,}012$

Assim, há uma probabilidade de 98,8% de que ninguém esteja por aí escutando ou transmitindo sinais em nossa galáxia neste momento.

É claro que todos os nossos números são extremamente especulativos e podem estar completamente errados. Se metade das estrelas tem planetas capazes de suportar vida, se a vida certamente surgiria e se tornaria inteligente, se 10% da vida inteligente desenvolver comunicação eletromagnética e se as espécies mais bem-sucedidas, como os tubarões, sobreviverem 350 milhões de anos, os números serão muito diferentes: agora teremos quatorze bilhões de formas de vida que se comunicam! Isso é mais de um trilhão de vezes mais do que indicado pelos números mais conservadores.

Há várias calculadoras interativas da equação de Drake na internet, se você quiser experimentar diversas maneiras de povoar o universo.

CAPÍTULO 19

O Que Há de Especial nos Números Primos?

Os números primos são mais úteis do que se pensa, considerando que na verdade eles não querem participar de jeito nenhum da matemática.

1	2	3	4	5	6	7	8	9	10
11	12	13	14	15	16	17	18	19	20
21	22	23	24	25	26	27	28	29	30
31	32	33	34	35	36	37	38	39	40
41	42	43	44	45	46	47	48	49	50
51	52	53	54	55	56	57	58	59	60

Números primos são aqueles que não têm nenhum fator além de 1 e de si mesmos. Isso significa que o número primo não é produto de nenhuma multiplicação (envolvendo apenas números inteiros positivos), a não ser:

[número primo] × 1 = [número primo]

Primos e compostos

Os números compostos têm fatores além de 1 e si mesmos. Assim, todos os números inteiros positivos além de 0 e 1 são primos ou compostos. Todo número composto pode ser expresso como o produto de fatores primos, ou seja, pode ser decomposto numa multiplicação que só envolva números primos. Isso indica a importância dos números primos: eles são os tijolos com os quais podemos fazer todos os números.

CASOS ESPECIAIS

Zero e 1 não são considerados números primos. Durante algum tempo, no século XIX, muitos matemáticos consideraram 1 primo, mas sua entrada não é mais permitida no clube.

Dois é o único primo par.

Teorema dos números primos

O teorema dos números primos, provado no século XIX, afirma que a probabilidade de um número *n* escolhido ao acaso ser primo é inversamente proporcional a seu número de algarismos, ou ao logaritmo de *n*. Isso significa que, quanto maior o número, menos provável que seja primo.

A lacuna média entre números primos consecutivos até n é, mais ou menos, o logaritmo de n, ou $\ln(n)$.

Como encontrar primos

Um teste de o número ser primo — a chamada "primalidade" — é experimentar divisões. Se n for o número investigado, tente dividi-lo por todos os números maiores do que 1 e menores do que $n/2$.

Isso é trabalhoso para números grandes, e diversos métodos são usados, em geral no computador. O maior primo descoberto até agora (abril de 2015) tem 17.425.170 algarismos e é $2^{57.885.161} - 1$. Não vale a pena ficar acordado até tarde tentando achar mais, a não ser que você seja muito dedicado, mas a Electronic Frontier Foundation oferece um prêmio para o primeiro primo com pelo menos 100 milhões de algarismos e também para o primeiro primo com pelo menos meio bilhão de algarismos.

Alguns dos maiores cérebros matemáticos e, hoje, também os mais sofisticados programas de computador têm procurado padrões nos primos, mas até agora não se encontrou nenhum padrão previsível.

O crivo de Eratóstenes

O antigo matemático grego Euclides de Alexandria, que viveu no século II ou III a.C., foi a primeira pessoa que conhecemos a reconhecer os números primos. Eratóstenes, outro matemático grego do século II a.C., criou o chamado "crivo" para identificar os números primos. Só é factível para números relativamente pequenos, mas é fácil de usar.

Desenhe uma tabela com dez colunas e todas as linhas necessárias para acomodar os números que você quer verificar; se quiser conferir até n, é preciso uma tabela que mostre de 1 a n. Começando com o 4, passe pela tabela e risque todos os múltiplos de 2. Depois, risque todos os múltiplos de 3, depois de 5, depois de 7 e assim por diante, avançando pelos primos. Quando chegar até os múltiplos de $n/2 - 1$, pode parar, porque números maiores não podem ser fatores de n ou menos. Os números não riscados são primos.

~~1~~	2	3	~~4~~	5	~~6~~	7	~~8~~	~~9~~	~~10~~
11	~~12~~	13	~~14~~	~~15~~	~~16~~	17	~~18~~	19	~~20~~
~~21~~	~~22~~	23	~~24~~	~~25~~	~~26~~	~~27~~	~~28~~	29	~~30~~
31	~~32~~	~~33~~	~~34~~	~~35~~	~~36~~	37	~~38~~	~~39~~	~~40~~
41	~~42~~	43	~~44~~	~~45~~	~~46~~	47	~~48~~	~~49~~	~~50~~
~~51~~	~~52~~	53	~~54~~	~~55~~	~~56~~	~~57~~	~~58~~	59	~~60~~
61	~~62~~	~~63~~	~~64~~	~~65~~	~~66~~	67	~~68~~	~~69~~	~~70~~
71	~~72~~	73	~~74~~	~~75~~	~~76~~	~~77~~	~~78~~	79	~~80~~
~~81~~	~~82~~	83	~~84~~	~~85~~	~~86~~	~~87~~	~~88~~	89	~~90~~
~~91~~	~~92~~	~~93~~	~~94~~	~~95~~	~~96~~	97	~~98~~	~~99~~	~~100~~

Para descobrir se um número é primo, divida-o por 2. Se o resultado for inteiro, o número não pode ser primo. O único número primo par é 2, que, quando dividido por 2, dá 1 (que não é número primo).

Infelizmente negligenciados

Entre os antigos gregos e o século XVII, houve pouco interesse pelos primos. Mesmo no século XVII, os primos não tinham nenhum uso real fora da matemática pura. Eles desabrocharam na era do computador, com a necessidade de desenvolver algoritmos de criptografia.

Dando trabalho aos primos

Os primos tiveram uma vida muito ociosa até surgir a necessidade de criptografar dados. Hoje, enviamos diariamente pela internet zilhões de transações seguras e outros dados secretos, e os primos são o equivalente dos carros-fortes para o transporte dos dados.

Comece multiplicando dois números primos muito grandes para obter um número composto:

$$P_1 \times P_2 = C$$

O número composto é usado para gerar um código chamado chave pública, que o banco (ou quem for) envia à pessoa que quer criptografar os dados. Quando você compra algo pela internet, os detalhes de seu cartão de crédito serão criptografados com essa chave pública, e a codificação acontece no seu lado da conexão. Os dados criptografados serão incompreensíveis se interceptados em trânsito. Quando chegam ao outro lado, os dados do cartão são decodificados com a chave privada feita com P_1 e P_2.

Isso dá certo porque é dificílimo achar os compostos de números primos grandes. Qualquer hacker que intercepte os dados precisaria de mil anos de tempo de computação para descobrir o código e encontrar os primos originais. É por ser tão difícil decodificar a criptografia moderna que os governos adorariam que as empresas de tecnologia embutissem "portas dos fundos" em seus sistemas para que ficasse mais fácil verem o que as pessoas estão fazendo.

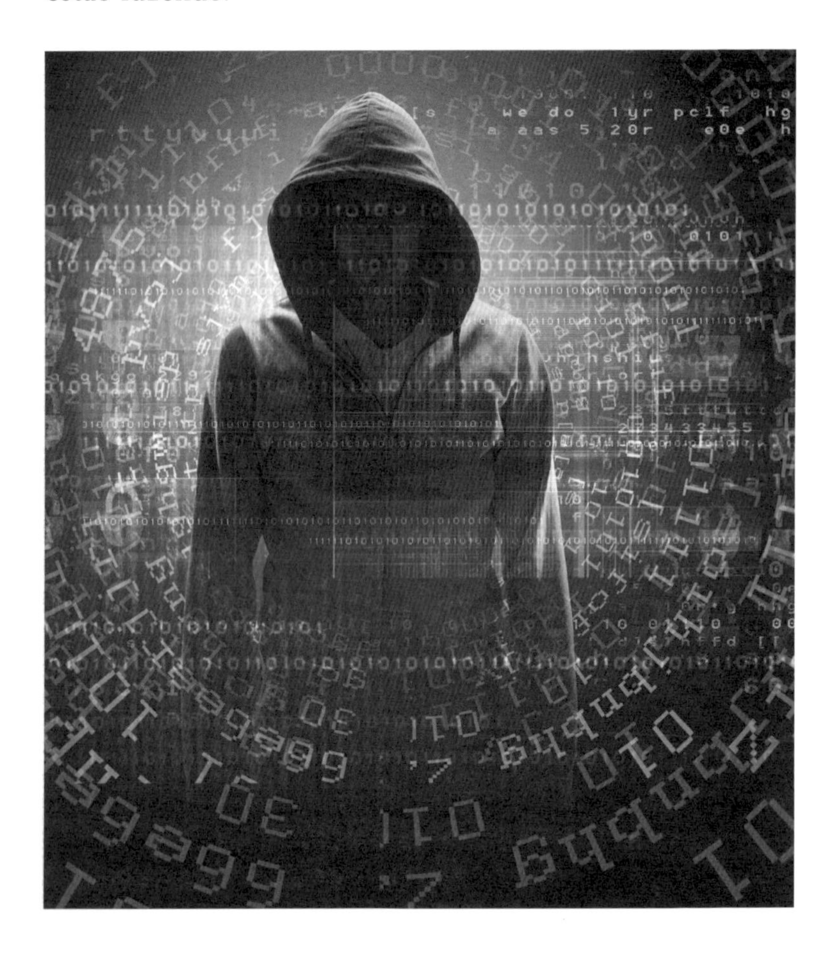

A ESPIRAL DE ULAM

Em 1963, durante uma apresentação científica tediosa, Stanislaw Ulam estava rabiscando à toa e fez uma descoberta espantosa. Ele desenhou uma espiral de números com 1 no meio.

```
37—36—35—34—33—32—31
|                  |
38  17—16—15—14—13  30
|   |           |   |
39  18   5—4—3  12  29
|   |    |   |  |   |
40  19   6  1—2 11  28
|   |    |      |   |
41  20   7—8—9—10   27
|   |               |
42  21—22—23—24—25—26
|
43—44—45—46—47—48—49...
```

Depois, isolou todos os primos (abaixo).

Ele notou a tendência dos primos de ficar nas diagonais. Quanto maior a espiral, mais óbvio fica o padrão. Alguns caem nas linhas horizontais ou verticais também, mas não na mesma quantidade.

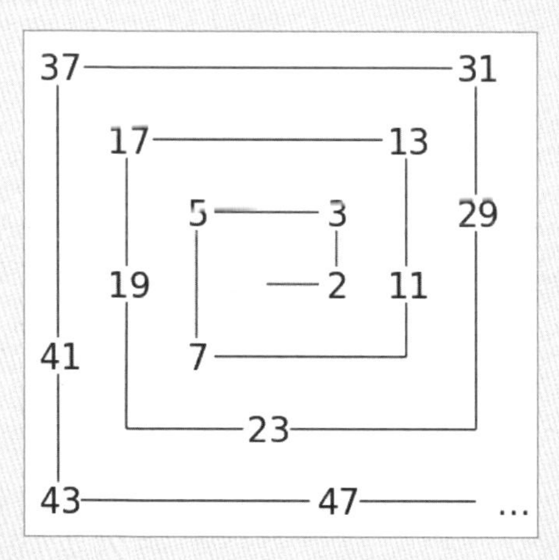

Quando se usa um programa de computador para pôr um pixel branco nos números compostos e um pixel preto nos números primos numa espiral de Ulam, as diagonais aparecem claramente. A comparação com a plotagem da mesma quantidade de números aleatórios mostra que as diagonais realmente existem.

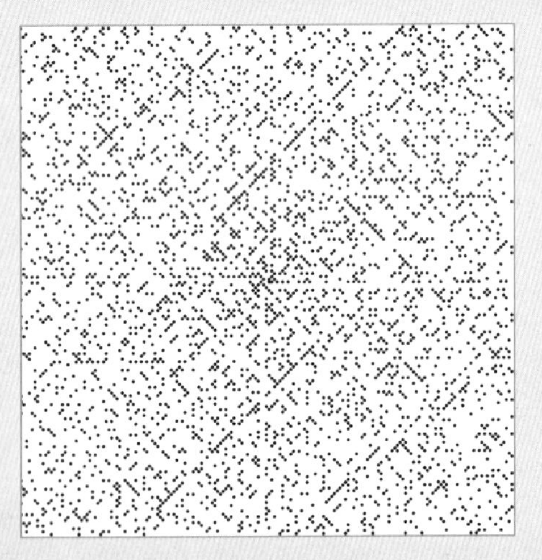

O padrão ainda não é previsível, embora seja uma sugestão atraente de que haja algum tipo de padrão em algum lugar.

> ***"Os primos crescem como mato entre os números naturais, parecendo não obedecer a nenhuma outra lei além do acaso, [mas também] exibem regularidade espantosa [e] que há leis governando seu comportamento, e que obedecem a essas leis com precisão quase militar."***
>
> Don Zagier, teórico americano dos números (1975)

CAPÍTULO 20

Qual É a Chance?

Todo dia, trabalhamos com probabilidades, ou chances, mesmo quando não percebemos.

Quem compra um bilhete de loteria — ou só atravessa a rua — lida com a probabilidade.

Contra a probabilidade?

A probabilidade está no âmago dos jogos de apostas. Na verdade, foram eles que provocaram o primeiro trabalho sobre probabilidade, a face matemática da chance ou do risco. O dono de um cassino ou o corretor de apostas tem de entender suficientemente bem a probabilidade para ganhar na maioria das vezes, senão não terá lucro. Mas eles precisam apresentar as probabilidades de um jeito que torne a aposta atraente para o público. Há várias maneiras de fazer isso.

Nas corridas, os corretores mostram a probabilidade dos cavalos como razões, assim:

Aviso Funesto	**20:1**
Calça Engraçada	**4:1**
Estranho Quark	**8:1**
Tangente	**7:1**
Aposta Justa	**5:1**

É fácil ver o que está acontecendo se pensarmos nelas como frações. A probabilidade de 20:1 significa que Aviso Funesto tem 1 em 20 chances de vencer, ou $^1/_{20}$. Calça Engraçada tem uma probabilidade muito melhor de ¼. Se somássemos as probabilidades de todos os cavalos como frações, o total, em termos de matemática, deveria dar 1. É claro que nunca dá, porque o lucro dos corretores vem da diferença entre o total de apostas e o total pago. Nessa corrida, o total é:

$$^1/_{20} + ^1/_4 + ^1/_8 + ^1/_7 + ^1/_5$$
$$= 0{,}05 + 0{,}25 + 0{,}125 + 0{,}142857 + 0{,}2$$
$$= 0{,}767857$$

A diferença entre isso e 1 é 0,232143, ou seja, o corretor tem um lucro de pouco mais de 23% (supondo que as apostas sejam distribuídas de forma homogênea).

É claro que as probabilidades dos corretores não têm nada a ver com as probabilidades reais; o corretor subestima a probabilidade de cada cavalo vencer. A probabilidade real deve somar 1, porque com certeza um cavalo vencerá (a não ser que todos os cavalos caiam ou sejam desclassificados).

Uma fezinha na loteria

Outros tipos de aposta oferecem uma probabilidade baixa de grandes ganhos, mas uma probabilidade razoavelmente boa de ganho pequeno. Muitas loterias nacionais são assim. A probabilidade de ganhar o grande prêmio é pequeníssima — geralmente, de 1 em muitos milhões —, mas há uma probabilidade muito melhor (talvez até de 1 em 25) de ganhar um prêmio pequeno, como dez reais. Isso é astuto, porque tranquiliza as pessoas conscientes de que a probabilidade de ganhar o grande prêmio é minúscula ao lhes mostrar que talvez não percam dinheiro. A publicidade pode mencionar que há "50.000 prêmios toda semana" ou coisa parecida. Como vimos no Capítulo 9, a menção do grande número de prêmios atrai de imediato; a negligência do denominado faz com que não pensemos nisso como uma chance de 50.000 em (digamos) 3,5 milhões, ou apenas 1 em 70.

As máquinas caça-níqueis funcionam com o mesmo princípio de pagamento graduado e oferecem uma probabilidade razoável de ganhar pouco, mas pouca probabilidade de ganhar muito. Quem ganha uma pequena quantia se sente estimulado a tentar outra vez e pode acabar perdendo muito dinheiro.

De novo, de novo

Às vezes, é útil conhecer a probabilidade de acontecer mais de um evento. Podemos querer saber:

- **a probabilidade de acontecer A ou B**
- **a probabilidade de acontecerem A e B**

Para calcular a probabilidade alternativa (A ou B), somamos as probabilidades.

Para calcular a probabilidade cumulativa (A e B), multiplicamos as probabilidades.

Suponhamos que você se candidate a dois empregos. No primeiro emprego, há cinco candidatos igualmente bem qualificados (incluindo você), e sua probabilidade de ficar com a vaga é 1 em 5, ou 0,2. No segundo emprego, são só quatro candidatos, e sua probabilidade de ficar com a vaga é de 1 em 4, ou 0,25.

A probabilidade de que você consiga um dos empregos (ou ambos) é:

0,2 + 0,25 = 0,45 (45%)

A probabilidade de que você consiga os dois empregos é:

0,2 × 0,25 = 0,05 (5%)

Você tem probabilidade oito vezes maior de conseguir uma vaga do que de conseguir ambas.

A probabilidade de lhe oferecerem uma vaga, mas não ambas, é a diferença entre a probabilidade de conseguir uma e/ou ambas e a probabilidade de conseguir ambas:

0,45 – 0,05 = 0,4 (40%)

O resultado mais provável, portanto, é que você não consiga nenhuma delas, e o segundo mais provável é que consiga só uma.

Mais de um jeito

Em geral, é mais fácil ver os princípios envolvidos no cálculo de probabilidades pensando no jogo de dados ou de cara ou coroa.

Lançar a moeda é simples: ou cai cara, ou cai coroa. Supondo que seja uma moeda normal, com chance igual de qualquer dos lados cair, a probabilidade de obter cara é de $1/2$ (0,5 ou 50%) e a de obter coroa também é $1/2$ (0,5 ou 50%). Se jogarmos a moeda duas vezes, podemos obter de novo cara ou coroa. As possibilidades para dois lançamentos são:

Lançamento 1	cara		coroa	
Lançamento 2	cara	coroa	cara	coroa

Agora há quatro resultados possíveis: cara e cara; cara e coroa; coroa e cara; coroa e coroa. Para vários fins, cara e coroa é o mesmo que coroa e cara. A probabilidade de cara duas vezes é $1/4$; a de coroa duas vezes é $1/4$; a de cara uma vez e coroa uma vez é $1/2$.

Número de lançamentos	Probabilidade de tudo cara
1	$1/2$
2	$1/4$
3	$1/8$
4	$1/16$
5	$1/32$
6	$1/64$

Os resultados possíveis aumentam se lançarmos a moeda mais vezes, e a probabilidade de cair sempre a mesma coisa, cara ou coroa, se reduz (ver tabela no alto à direita). A probabilidade de tirar cara toda vez num número n de vezes é $1/2^n$. A probabilidade de tirar coroa toda vez também é $1/2^n$. A probabilidade de tirar sempre cara ou sempre coroa é $2 \times 1/2^n$, que é o mesmo que $1/2^{n-1}$ (ver à direita).

Número de lançamentos	Probabilidade de tudo cara OU tudo coroa
1	1
2	½
3	¼
4	$1/8$
5	$1/16$
6	$1/32$

1 em 6

Nos dados, o problema é mais complexo porque há seis resultados possíveis a cada lançamento do dado. O mesmo cálculo se aplica, mas agora com potências de 6, ou 6^n. A probabilidade de todas as vezes tirar um cinco (ou qualquer outro número) está na tabela abaixo.

Se você lançar dois dados, a probabilidade de obter qualquer dupla é de 6^{n-1}.

Número de lançamentos	Probabilidade de tudo 5
1	$1/6$
2	$1/36$
3	$1/216$
4	$1/1.296$
5	$1/1.776$
6	$1/46.656$

Assim que fizer mais de um lançamento, a probabilidade de totais diferentes fica mais complexa, porque há mais de uma maneira de marcar alguns números, mas não outros (ver a tabela no pé da página).

O número mais provável de se obter lançando dois dados é 7, porque há seis maneiras de obter 7. Isso significa que a probabilidade de obter 7 é $6/36$ ou $1/6$. Se você puder escolher no jogo de dados, opte por precisar de um 7.

2	1 + 1					
3	1 + 2	2 + 1				
4	2 + 2	1 + 3	3 + 1			
5	1 + 4	2 + 3	3 + 2	4 + 1		
6	1 + 5	2 + 4	3 + 3	4 + 2	5 + 1	
7	1 + 6	2 + 5	3 + 4	4 + 3	5 + 2	6 + 1
8	2 + 6	3 + 5	4 + 4	5 + 3	6 + 2	
9	3 + 6	4 + 5	5 + 4	6 + 3		
10	4 + 6	5 + 5	6 + 4			
11	5 + 6	6 + 5				
12	6 + 6					

AJUDA PARA DECIDIR

No século XIX, o psiquiatra Sigmund Freud costumava incentivar as pessoas que se sentissem indecisas a jogar uma moeda para ajudar a tomar decisões difíceis na vida. Ele não defendia deixar escolhas importantes ao acaso, mas usar a moeda para ajudar a identificar desejos: "O que quero que você faça é observar o que a moeda indica. Depois, examine suas reações. Pergunte-se: Estou contente? Estou desapontado? Isso o ajudará a reconhecer como realmente se sente sobre a questão, lá no fundo. Com isso como base, você estará pronto para se resolver e chegar à decisão correta."

CAPÍTULO 21

Quando É Seu Aniversário?

Se houver 30 pessoas numa sala, há uma boa probabilidade (isto é, bem maior do que o empate) de que pelo menos duas façam aniversário no mesmo dia.

É difícil acreditar na estatística muito citada da página anterior. Ela parece totalmente anti-intuitiva.

Aniversários frequentistas

Há duas maneiras de trabalhar com a probabilidade. Uma usa o método que examinamos no Capítulo 20. É o chamado método frequentista. O outro é o método bayesiano, criado pelo matemático inglês Thomas Bayes (1702-1761), e é mais complicado.

Há 365 dias no ano (ignorando os anos bissextos). Portanto, há uma probabilidade de $^1/_{365}$ de seu aniversário cair num dia específico. Se você se comparasse com uma única pessoa, a probabilidade dos aniversários caírem no mesmo dia seria de $^1/_{365}$

$$= 0{,}0027$$

Mas não se esqueça que não é só o seu aniversário que interessa. Há trinta pessoas na sala, o que dá 30 × 29 possíveis pares de aniversários, ou 870. Agora você pode ver por que é tão provável que haja duas pessoas com o mesmo aniversário.

Inverter o problema

Em vez de pensar na probabilidade de coincidência de aniversários, pense na probabilidade de duas pessoas não fazerem aniversário no mesmo dia ou de não haver coincidências numa sala com trinta pessoas.

Quando só há duas pessoas, a probabilidade de seus aniversários não caírem no mesmo dia é

$$1 - {}^1/_{365} = {}^{364}/_{365} = 0{,}997$$

Se acrescentarmos uma terceira pessoa, agora há dois aniversários usados e somente 363 dias não usados. A probabilidade de que nenhum aniversário coincida é

$$^{364}/_{365} \times {}^{363}/_{365} = 0{,}992$$

Acrescente mais uma pessoa e a probabilidade será

$$^{364}/_{365} \times {}^{363}/_{365} \times {}^{362}/_{365} = 0{,}984$$

Quando houver trinta pessoas na sala, a probabilidade de que não haja coincidência de aniversários é 0,294 — quase 30%. Isso significa que há 70% de probabilidade de que pelo menos duas pessoas façam aniversário no mesmo dia. O ponto em que a probabilidade chega a 50% é quando houver 23 pessoas na sala. Quando houver 57 pessoas na sala, a probabilidade de uma coincidência é de 99%.

Outra inversão

A abordagem bayesiana da probabilidade é bem diferente. Pode partir de um conjunto de probabilidades para derivar outra probabilidade relacionada.

O teorema de Bayes afirma que

$$P(A|B) = \frac{P(B|A)\,P(A)}{P(B)}$$

onde P é probabilidade.

Quando isso vai acabar?

Um dos usos da probabilidade bayesiana é o cálculo da provável data de validade da humanidade. Chamado de Argumento do Juízo Final, esse cálculo foi apresentado em 1983 pelo físico australiano Brandon Carter. Ele usou um número bastante baixo de 60 bilhões de seres humanos já nascidos até então (em 1983) para calcular que há 95% de probabilidade que a humanidade não dure mais do que 9.120 anos (menos do que 9.100 anos agora, já que alguns se passaram desde 1983).

TANQUES BAYESIANOS

Durante a Segunda Guerra Mundial, os Aliados tentaram avaliar a produção de tanques alemães realizando uma análise bayesiana dos dados obtidos com os tanques capturados ou destruídos. Eles calcularam quantos moldes tinham sido usados para fazer as 64 rodas de dois tanques capturados. Então, a partir de dados conhecidos sobre quantas rodas poderiam ser feitas com um molde durante um mês, calcularam o número total de moldes que dariam essa proporção de conjuntos de rodas numa amostra de 64. A partir daí, avaliaram que os alemães construíam 270 Panzers por mês em fevereiro de 1944 — bem mais do que estimado anteriormente. Eles também usaram métodos bayesianos para calcular o número provável de tanques pelos números de série dos tanques capturados — com exatidão espantosa.

A comparação dos resultados da avaliação estatística com os registros alemães (depois da guerra) revelou que a estatística era um método muito mais confiável de calcular a capacidade militar do que a coleta de informações.

CAPÍTULO 22

Vale a Pena Correr o Risco?

"Só os que se arriscam a ir longe demais conseguem descobrir até onde se pode ir."

T. S. Eliot

Nossa percepção do risco é muito estranha e nem sempre se relaciona de forma sensata com a matemática do risco. Ela é afetada por muitos fatores psicológicos, como familiaridade ou novidade, fatores desconhecidos (sobre o risco), o nível de controle que sentimos que temos, a raridade do resultado, a inconveniência envolvida em evitar o risco, o imediatismo do perigo e o nível de dano que pode resultar.

Viva perigosamente!

É lógico que, se uma atividade parecesse ter um risco relativamente alto de morte ou lesão grave, nós a evitaríamos — mas muita gente dirige com excesso de velocidade, fuma e come mais do que seria saudável. Por outro lado, nos EUA e na Europa as pessoas mostraram alto nível de ansiedade com o vírus Ebola durante o surto de 2014-2015, embora ele se limitasse a seis países na África que a maioria nunca visitaria.

O Ebola tinha todos os sinais de um risco assustador:

- **a infecção tinha uma probabilidade de matar maior do que 50%;**
- **a doença é repulsivamente desagradável;**
- **é desconhecida pela maioria das pessoas;**
- **havia alto nível de cobertura dos meios de comunicação e**
- **as pessoas se sentiram sem controle, pois a doença ataca ao acaso (embora não tão ao acaso que atinja alguém a cinco mil quilômetros).**

Também havia muita falta de conhecimento sobre o vírus. O Ebola escaparia da África? Poderia se tornar transmissível entre as pessoas antes que os sintomas se desenvolvessem? Mas a inconveniência envolvida em evitar o risco era baixíssima: não vá à África, não fique perto de uma clínica de Ebola e não manuseie os cadáveres. A maioria tinha medo do Ebola sem correr nenhum grande perigo nem suportar muita inconveniência.

Por outro lado, andar de carro é um risco conhecido. É conhecido e nos sentimos no controle, mesmo que esse sentimento seja meio ilusório (não estamos no controle dos outros motoristas). É claro que há pouca cobertura da mídia sobre acidentes de trânsito porque eles são muito comuns, o que indica nível elevado de risco. A maioria não tem medo de andar de carro, e parar de andar seria muitíssimo inconveniente.

Muito drama, pouco risco

O animal mais mortífero para seres humanos não é, como você pensaria, o tubarão, o tigre, o hipopótamo ou outro assim tão grande. Não é nem o cachorro. É o mosquito. Os mosquitos matam mais de meio milhão de pessoas por ano de malária e outras doenças. Mas a maioria acha que andar à beira de um rio no Brasil é mais seguro do que nadar ao largo da Austrália no mar infestado de tubarões. A probabilidade de se afogar é 3.300 vezes maior do que a de ser morto por um tubarão, e você deveria se considerar sortudo se sobreviver na água tempo suficiente para ver um tubarão.

Mostrando os números

Os números que mostram o risco, como a maioria dos números, precisam de contexto para ter significado. Eis dois números relativos a mortes no trânsito nos EUA:

- **em 1950, 33.186 pessoas morreram em acidentes de trânsito.**
- **em 2013, 32.719 pessoas morreram em acidentes de trânsito.**

Parece que houve pouquíssimo progresso na segurança de ruas e estradas desde 1950, o que é uma ideia deprimente. Mas acrescentar mais informações ajuda a lançar luz sobre esses números. Se olharmos a população dos EUA nessas duas épocas, podemos ver com um pouco mais de clareza o que está acontecendo. Em 1950, a população era cerca de 152 milhões de habitantes. Em 2013, era 316 milhões — mais do dobro. Se calcularmos as mortes divididas pela população, fica claro que houve uma melhora.

Data	Mortes	População	Mortes/100.000 habitantes
1950	33.186	152 milhões	21,8
2013	32.719	316 milhões	10,3

Mas agora, se olharmos o número de milhas percorridas por veículos motorizados nesses dois anos, os números assumem uma aparência completamente diferente.

Data	Mortes	População	Bilhões de milhas percorridas	Mortes/ 100.000 habitantes	Mortes/ 100.000.000 milhas percorridas
1950	33.186	152 milhões	458	21,8	7,2
2013	32.719	316 milhões	2.946	10,3	1,1

Era sete vezes mais perigoso dirigir em 1950 do que em 2013; o risco caiu 85%.

ANIMAIS COM MAIS PROBABILIDADE DE NOS MATAR DO QUE UM TUBARÃO

Em média, menos de seis pessoas por ano são mortas por tubarões no mundo inteiro. Você tem muito mais chance de ser morto por:

- **uma cobra (70.000 mortes por ano)**
- **um cachorro (60.000 mortes por ano)**
- **uma abelha (50.000 mortes por ano)**
- **um hipopótamo (2.900 mortes por ano)**
- **uma formiga (900 mortes por ano)**
- **uma água-viva (100 a 500 mortes por ano)**

Um em um milhão

Os analistas de risco chamam de "micromorte" uma probabilidade de morte de 1 em um milhão. Quando pensar no modo de chegar à cidade ou ao trabalho, você pode comparar o risco de diversos meios de transporte usando micromortes para calcular quantos quilômetros é preciso percorrer antes de ser provavelmente morto num acidente.

Meio de transporte	km/micromorte
Trem	9.656 km
Carro	370 km
Bicicleta	32 km
A pé	27 km
Motocicleta	10 km

É claro que o trem é o método mais seguro e a motocicleta, o mais arriscado.

Risco crônico e agudo

O risco de cair da escada e quebrar o pescoço é um risco agudo: pode acontecer agora e matar você imediatamente.

Se você descer a escada sem que nada aconteça, o risco se foi (por enquanto) e você não teve nenhum mau efeito, a não ser, talvez, uma pequena ansiedade.

O risco de ter câncer de pulmão caso você fume é um risco crônico. Ele aumenta com o tempo e, embora qualquer cigarro que você fume hoje à tarde não vá matá-lo, junto com todos os outros ele pode contribuir para a morte precoce. Esse risco é cumulativo; cada cigarro que você fuma aumenta o risco de câncer de pulmão e de algumas outras doenças.

Microvida e micromorte

O oposto da micromorte é a microvida — um milionésimo de vida. Para um adulto jovem, em média ela é de meia hora. É melhor exprimir os riscos crônicos em termos de custo em microvidas. Fumar um cigarro custa cerca de uma microvida. É claro que esse custo não é direto e indiscutível — é

QUANTO VALE UMA VIDA?

Os governos tomam decisões sobre gastos em segurança com base no cálculo de vidas que podem ser salvas. Eles usam um número chamado Valor Estatístico da Vida (VEV ou VSL, na sigla em inglês) ou Valor de Prevenção de Fatalidade (VPF) para calcular o valor econômico de diversas providências que salvam vidas. No Reino Unido, uma vida vale 1,6 milhões de libras (2,4 milhões de dólares) em termos de melhoria das estradas, e assim uma microvida vale 1,60 libras (2,40 dólares). Nos EUA, as vidas valem mais, e o Departamento de Transportes do país avalia a VEV em 6,2 milhões de dólares (4 milhões de libras) e uma microvida, em 6,20 dólares (4 libras).

um risco. Se pegarmos a duração média da vida das pessoas que fumam um determinado número de cigarros e a compararmos com a duração média das não fumantes, podemos calcular o custo médio de um cigarro em microvidas. Mas algumas pessoas fumam vinte cigarros por dia e vivem até os 90 anos; nada é certo.

A diferença fundamental entre usar micromortes para calcular o risco agudo de uma atividade e microvidas para calcular o risco crônico é que o custo em microvidas é cumulativo, enquanto o risco em micromortes volta a zero toda vez que você sobrevive.

Tudo é um risco

Outra maneira de pensar no risco é compará-lo com a linha de base do risco que você corre só por estar vivo. A probabilidade de morrer num acidente de asa delta é cerca de 1 em 116.000 em cada voo que você fizer. Um homem americano de 30 anos tem uma probabilidade de 1 em 240.000 de morrer em qualquer dia específico, e o risco aumenta três vezes quando ele voa de asa delta (porque o novo risco se soma ao risco existente; um não substitui o outro).

Outra maneira de representar o risco é mostrar por quanto tempo você tem de praticar uma atividade continuamente para falecer ou calcular o risco de cada caso de uma atividade. Se o risco de morrer em cada voo de asa delta é 1 em 116.000, isso indica que, se você voar de asa delta 116.000 vezes, é bem provável que morra em alguma delas (embora possa ser no terceiro voo ou no 169º, não no 116.000º). Ainda que em média isso seja verdade, não é necessariamente verdade para uma pessoa específica. Pode haver outros fatores em jogo. Os primeiros voos de asa delta podem ser mais perigosos porque o piloto é inexperiente. Os voos posteriores podem ser mais perigosos porque o piloto ficou imprudente. Um piloto de asa delta pode ser mais ou menos habilidoso do que outro e, portanto, enfrentar mais ou menos risco.

Loteria do CEP

As seguradoras tentam avaliar o risco de crimes ou acidentes com mais exatidão do que calculando apenas a média da população inteira. Elas usam cálculos complexos para descobrir quem corre mais ou menos risco do que os outros. É por isso que seu CEP afeta o pagamento do seguro da casa, do carro etc. Se houver muitas invasões de domicílio em seu bairro, eles avaliarão que sua casa corre risco alto de invasão e lhe cobrarão mais.

Risco aumentado e reduzido

Um modo comum de mostrar riscos é comparando-os em termos de fatores ou porcentagens. Isso pode ser muito persuasivo, mas, se não virmos nenhum número absoluto, é fácil ser enganado. Uma afirmativa como: "Tomar a pílula da saúde reduz à metade seu risco de ter câncer na unha do dedão do pé" faz o tal comprimido parecer um bom investimento. Mas a probabilidade de ter câncer na unha do dedão do pé é de apenas 1 em 20 milhões, então reduzir o risco para 1 em 40 milhões na verdade não justifica o custo do produto. É mais provável sofrer um acidente indo comprar a tal pílula do que ter câncer na unha do dedão do pé.

Alguns riscos não podem ser medidos com o grau de exatidão que gostaríamos. Se tentássemos prever seu risco pessoal de ser morto num acidente de trânsito com base na experiência anterior, a probabilidade seria zero, porque você nunca foi morto num acidente de trânsito, apesar de estar nas ruas há muitos anos.

Há duas maneiras comuns de entender o risco erroneamente, que podem ser resumidas em frases como essas:

"Faço isso há anos e nunca tive problemas, então tenho certeza de que é seguro."

"Você teve sorte até agora, e a sua sorte vai acabar passando."

Em certo sentido, a primeira é um tipo de avaliação bayesiana difusa. Quando não conhecemos o risco estatístico, fazemos uma avaliação com base em amostras anteriores. Mas não é uma boa ideia, principalmente quando lidamos com o risco de morte. É claro que você se saiu bem em ocasiões anteriores, porque não está morto. Se usar as ocasiões anteriores em que não morreu, você pode justificar absolutamente todos os comportamentos temerários, porque nunca morreu em nenhuma ocasião anterior quando fez algo arriscado. Você não morrerá desta vez porque não morreu na última vez. Mas você pode morrer desta vez *só porque* não morreu na última vez.

Em muitos casos, a segunda também está errada. É o inverso do apostador que continua apostando o mesmo número porque ele terá de sair, mais cedo ou mais tarde. Não. A cada vez, a probabilidade de aquele número sair é a mesma, tenha ou não saído antes. Se você jogar um dado, há 1 em 6 chances de obter um seis. Se jogar o dado e tirar seis, ainda há uma chance de 1 em 6 de tirar seis na próxima vez. Portanto, no caso de riscos independentes, o fato de que alguém "se deu bem" durante anos não significa que continuará (ou não) se dando bem com aquilo.

CAPÍTULO 23

Quanta Matemática a Natureza Sabe?

O mundo natural sabe contar?

O matemático medieval Fibonacci descobriu que há uma sequência de números por trás de muitos fenômenos da natureza, inclusive a procriação dos coelhos.

Duplicar coelhos

Fibonacci atacou um problema da matemática que os indianos conheciam havia séculos, mas que aparentemente era novo na Europa da época. É assim:

Se você tiver dois coelhos num campo, como a população crescerá, supondo condições ideais?

As condições ideais são as seguintes:

- **Os dois primeiros coelhos são do sexo oposto, em idade de se reproduzir, atraídos um pelo outro, saudáveis e férteis.**
- **Todo mês, assim que amadurecem, todas as fêmeas de coelho têm um par de filhotes, um macho e uma fêmea.**
- **Depois da concepção, os coelhos levam um mês para nascer e outro mês para chegar à maturidade.**
- **Nenhum dos coelhos morre.**

Esta última leva ao extremo as condições ideais, sem mencionar que põe à prova a definição de "ideal", mas não importa. Isso foi há oitocentos anos, e agora é tarde demais para reclamar. Portanto, libertamos os dois primeiros coelhos no campo, onde eles se reproduzem, ora bolas, como coelhos. Dali a um mês, só há o primeiro casal, mas eles acabaram de ter os primeiros bebês e logo tudo vai começar.

No fim do mês seguinte, há dois casais: o primeiro e seus filhos agora adultos. O primeiro par tem outro par de filhotes, e o segundo par começa a carreira reprodutora. No mês seguinte, há três pares: o original, o primeiro conjunto de filhotes e o segundo conjunto de filhotes. No mês seguinte, o par original e o primeiro conjunto de filhotes têm um par de filhotes cada (ainda imaturos) e o segundo conjunto está pronto para começar a se reproduzir. O conjunto de coelhos cresce assim:

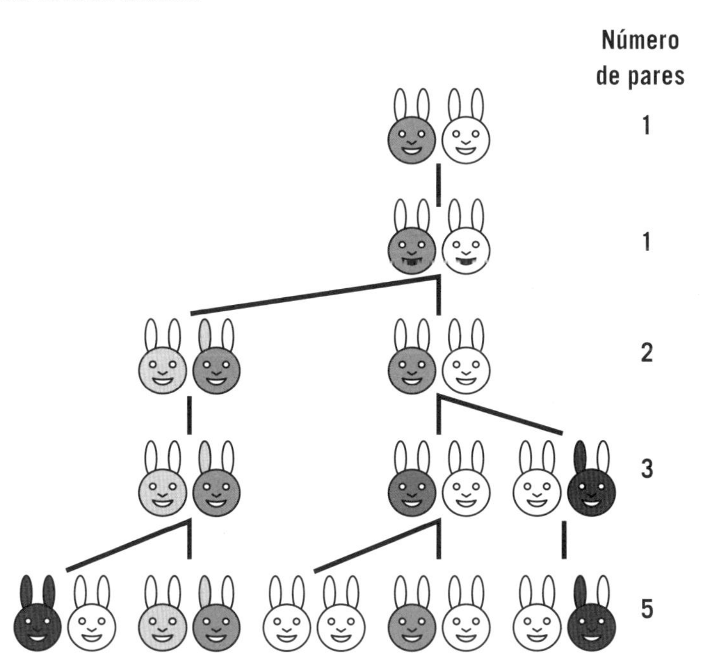

E continua. O número de pares a cada mês segue o padrão:

1, 1, 2, 3, 5, 8, 13, 21, 34...

À primeira vista, esses números não parecem muito interessantes, mas eles aparecem o tempo todo. Talvez não fique óbvio de imediato que há um padrão neles, mas há. Some os dois últimos números da sequência para obter o seguinte:

$$1 + 1 = 2$$
$$1 + 2 = 3$$
$$2 + 3 = 5$$
$$3 + 5 = 8$$
$$5 + 8 = 13$$
$$8 + 13 = 21$$

E continua. Essa sequência se chama sequência de números de Fibonacci.

Se nos referirmos ao *enésimo* número de Fibonacci como F(n), a expressão geral para calcular um número de Fibonacci é:

$$F(n) = F(n - 1) + F(n - 2)$$

Dá para ver como isso funciona com um exemplo da sequência, o oitavo número:

$$F(8) = F(7) + F(6)$$
$$21 = 13 + 8$$

As lacunas entre os números ficam cada vez maiores:

$$F(38) = 39.088.169$$
$$F(39) = 63.245.986$$

E assim

F(40) = 39.088.169 + 63.245.986 = 102.334.155

Os números aumentam depressa; F(20.000.000) tem mais de quatro milhões de algarismos.

Se supusermos que Fibonacci pôs seus dois primeiros coelhos no campo oitocentos anos atrás e não ligarmos para o fato de que agora alguns coelhos têm 800 anos, haveria 800 × 12 = 9.600 meses para os coelhos se reproduzirem. F(9.600) tem mais de 2.000 algarismos, portanto é maior do que $10^{2.000}$. Isso significa que agora haveria mais de 10^{20} gugoles de pares de coelhos, ou mais coelhos do que átomos no universo.

E as abelhinhas?

Os coelhos foram um tanto hipotéticos, mas algumas outras espécies demonstram uma representação mais precisa da série de Fibonacci. Se olharmos a genética das abelhas, a sequência de Fibonacci mostra o número de ancestrais de cada uma. O zangão só tem mãe, porque nasce de um ovo não fecundado. Cada fêmea tem pai e mãe. Portanto, se começarmos com um macho e desenharmos a árvore genealógica, ela se parecerá com a que está abaixo.

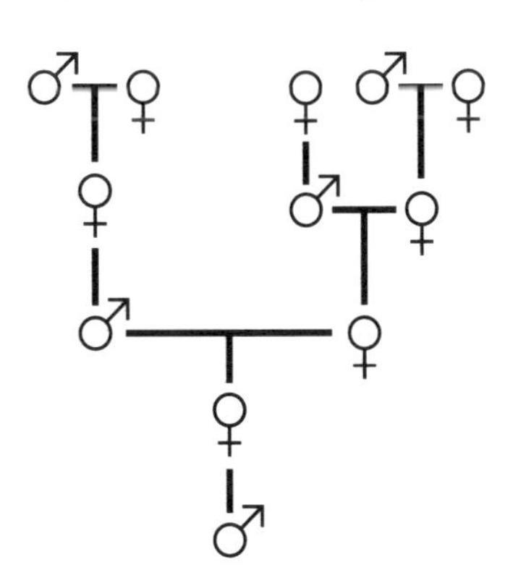

Se somarmos os ancestrais, teremos:

	Pais	Avós	Bisavós	Trisavós	Tataravós
Zangão	1	2	3	5	8
Abelha fêmea	2	3	5	8	13

Embora a fêmea comece na frente, ela só está um pouquinho adiante na sequência de Fibonacci; em última análise, os números são os mesmos.

Ramificações

Muitas plantas têm folhas ou ramos num padrão que segue a sequência de Fibonacci. É fácil ver por que os galhos caem nesse padrão, pois cada broto produz um broto lateral e, depois de um certo ponto, cada broto lateral produz seus próprios brotos laterais, e assim por diante:

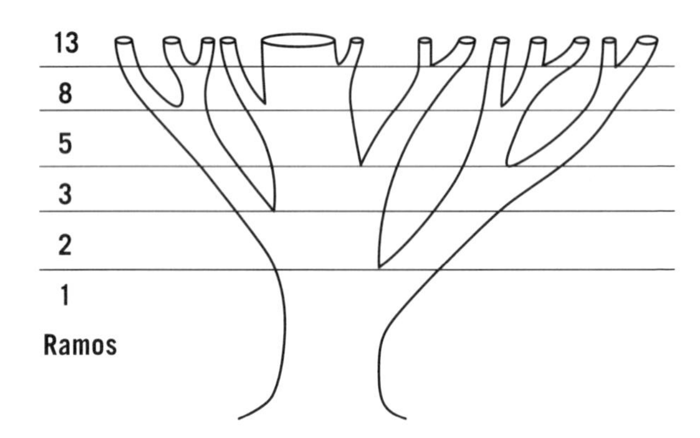

As flores também têm pétalas em números de Fibonacci, e o interior da maioria das frutas se divide em seções segundo um número de Fibonacci (como três na banana e cinco na maçã). A sequência aparece até em nosso corpo como a razão entre o comprimento dos ossos dos dedos da mão, por exemplo.

CAPÍTULO 24

Existem Formas Perfeitas?

Uma olhada rápida no mundo natural mostra muitas formas esquisitas — e algumas muito elegantes.

Tanto a sequência de Fibonacci quanto os fractais produzem padrões que parecem menos organizados do que são. Os padrões matemáticos ocultos também geram outras formas.

Retângulos e espirais

Experimente esse exercício para ver alguns números que seguem um padrão. Comece com um quadrado de uma unidade de lado (vamos chamá-la de centímetro, mas pode ser qualquer uma). Desenhe um quadrado idêntico ao lado. Agora, use os dois lados adjacentes para formar o lado de um novo quadrado (um quadrado com lados de 2 cm). Agora você tem lados adjacentes que somam 3 cm; desenhe outro quadrado. Continue até acabar o papel ou o entusiasmo.

O que se pode notar sobre o comprimento do lado dos quadrados?

1, 1, 2, 3, 5, 8, 13...

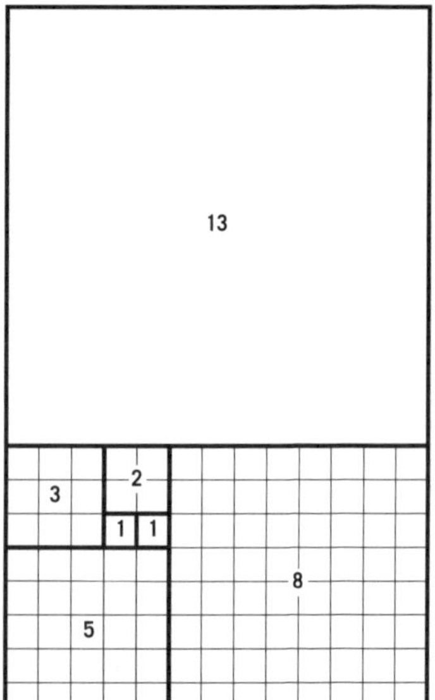

É a sequência de Fibonacci outra vez.

Agora, crie uma espiral desenhando uma linha curva que passe diagonalmente e em sequência pelos quadrados.

Essa é a chamada Espiral Áurea (ver o alto da página ao lado). Muitas plantas produzem folhas que saem da haste em ângulos diferentes, formando uma espiral áurea. Esse arranjo das folhas numa planta se chama *filotaxia* e gera muito interesse dos botânicos.

Contar o número de vezes em que se circunda a haste antes de encontrar uma folha verticalmente acima daquela por onde se começou dá tanto um número de Fibonacci de voltas em torno da haste quanto um número de Fibonacci de folhas intermediárias (ver a ilustração abaixo). Esse padrão maximiza a luz do sol que recai sobre cada folha específica, e por isso ele é tão comum. O ângulo entre as folhas geralmente fica perto de 137,5°.

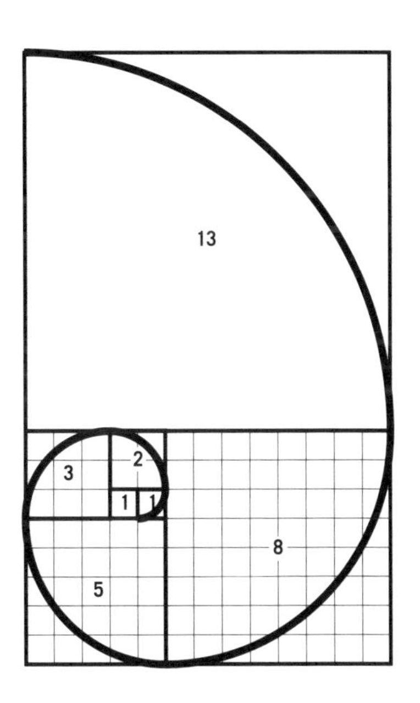

Espirais espiraladas

Com muita frequência, várias espirais áureas se entrelaçam. As sementes no miolo de muitos capítulos florais se arrumam em espirais áureas entrelaçadas, e os estróbilos de uma pinha se organizam em duas espirais áureas entrelaçadas. O girassol tem um número de Fibonacci de espirais indo em cada sentido (horário e anti-horário), e o número total de sementes também é um número de Fibonacci. Essa é a dispo-

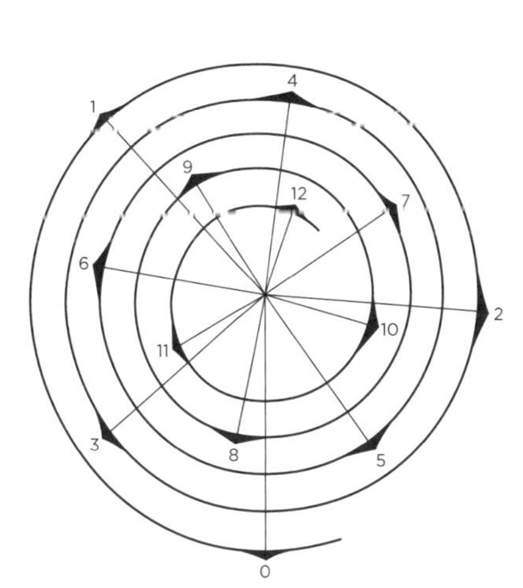

sição que poupa mais espaço, e o girassol otimiza o número de sementes que cabem no miolo redondo.

Talvez a planta mais inteligente de todas seja o abacaxi. A fruta é coberta de gomos hexagonais, e cada um deles faz parte de três espirais diferentes. Há oito filas de gomos suavemente inclinadas, 13 filas mais inclinadas e 21 quase verticais.

As folhas do abacaxi crescem numa sequência de Fibonacci diferente, com cinco espirais de folhas em torno da haste antes que ocorram folhas alinhadas na vertical. Há 13 folhas entre cada par verticalmente alinhado. Isso significa que o abacaxi tem dois conjuntos de espirais áureas controladas por hormônios diferentes e escolhe a certa quando chega a hora de produzir um fruto.

Retângulos Áureos

Os retângulos são variados: curtos, gordos, compridos, finos e alguns, muito elegantes, se chamam *retângulos áureos*. O retângulo áureo tem lados na proporção aproximada de 1:1,61803. O número 1.61803... é irracional (as casas decimais nunca acabam) e representado pela letra grega *phi*, **Φ**.

Esse não é um número irracional aleatório. Ele foi definido por Euclides por volta de 100 a.C. Imagine uma linha que seja cortada em duas partes. Uma é mais comprida do que a outra, mas mais comprida com muita exatidão. As duas linhas têm uma proporção especial entre si, a chamada proporção áurea. A linha é cortada de modo que a razão **pedaço curto : pedaço comprido** seja igual à razão **pedaço comprido : linha inteira**.
Em termos matemáticos, imagine que a linha seja cortada nas partes a e b. Obviamente, o comprimento total da linha é a + b. Para as linhas estarem na proporção áurea, a:b tem de ser igual a a:a+b.

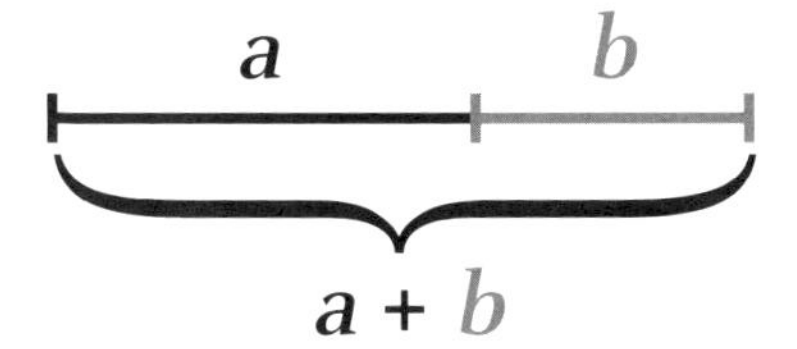

a+b está para **a** assim como **a** está para **b**

e

$$\frac{a+b}{a} = \frac{a}{b} = \Phi$$

Isso se resolve numa razão de

$$1 : \frac{1+\sqrt{5}}{2}$$

> *"Diz-se que uma linha reta foi cortada em razão extrema e média quando, assim como a linha inteira está para o segmento maior, o segmento maior estiver para o menor."*
>
> Euclides, *Elementos*

Corte, mas não mude

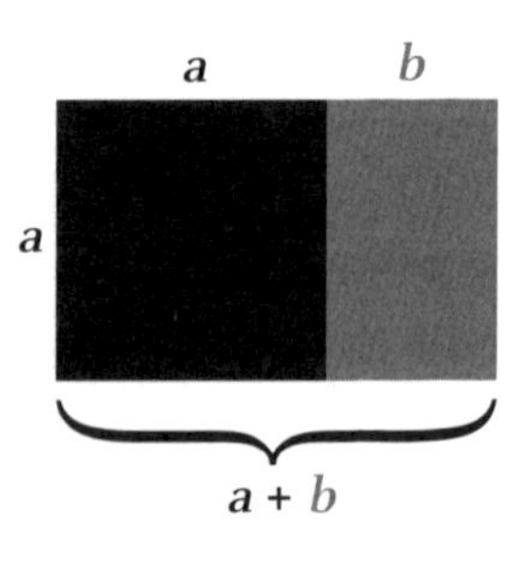

A proporção áurea e o retângulo áureo por ela definido são muito especiais. Se pegar um retângulo áureo como o da direita e cortar um quadrado numa extremidade (lados a, a), você vai ficar com outro retângulo áureo (b, a). Os lados do retângulo remanescente também estão na razão 1:**Φ**. É possível continuar fazendo retângulos áureos cada vez menores.

Em geral, considera-se que o retângulo áureo tem as proporções mais agradáveis. Ele é muito encontrado na natureza, inclusive em nosso corpo, e usado há milhares de anos em construções artísticas e arquitetônicas.

Ouro e mais ouro

Como temos uma espiral áurea e um retângulo/proporção áurea, seria sensato perguntar se há uma ligação entre eles — e é claro que há. Se dividirmos qualquer número de Fibonacci pelo número anterior na sequência, o resultado tende a **Φ**. No começo, isso não é muito óbvio:

$\frac{1}{2} \div \frac{1}{3} = 1{,}5$
$\frac{1}{3} \div \frac{1}{5} = 1{,}667$

Mas, quando se usam números de Fibonacci cada vez maiores, o resultado se aproxima de **Φ**:

102.334.155 ÷ 63.245.986 = 1,61803

E há outra surpresa. Se você dividir um número de Fibonacci pelo próximo da série, o resultado tende a **Φ** – 1:

63.245.986 ÷ 102.334.155 = 0,61803

Às vezes, esse número — só a parte decimal de **Φ** — é representado pela letra grega minúscula **φ**. Daí concluímos que o mundo tem algumas formas prediletas e adoráveis.

CÁLCULO DE PHI

Comece com: $\dfrac{a+b}{a}$

Sabemos que isso é igual a a/b, que é o mesmo que Φ. Se a/b = Φ, então claramente b/a = 1/ Φ. Podemos simplificar essa expressão:

$$\frac{a+b}{a} = 1 + \frac{b}{a} = 1 + \frac{1}{\Phi}$$

Portanto,

$$1 + \frac{1}{\Phi} = \Phi$$

Multiplicar por Φ nos dá

$\Phi + 1 = \Phi^2$

que pode ser rearrumado como

$\Phi^2 - \Phi - 1 = 0$

Essa é uma equação do segundo grau, e podemos usar a fórmula para resolvê-la para Φ:

$$x = \frac{-b \pm \sqrt{b^2 - 4ac}}{2a} \qquad \underset{a}{x^2} + \underset{b}{2x} + \underset{c}{1} = 0$$

(a = 1, b = –1, c = –1)

Como é uma razão entre números positivos, sabemos que Φ tem de ser positivo, e a solução é:

$$\Phi = \frac{1+\sqrt{5}}{2} = 1.6180339887\ldots$$

CAPÍTULO 25

Os Números Estão Saindo do Controle?

Os números podem crescer com rapidez surpreendente.

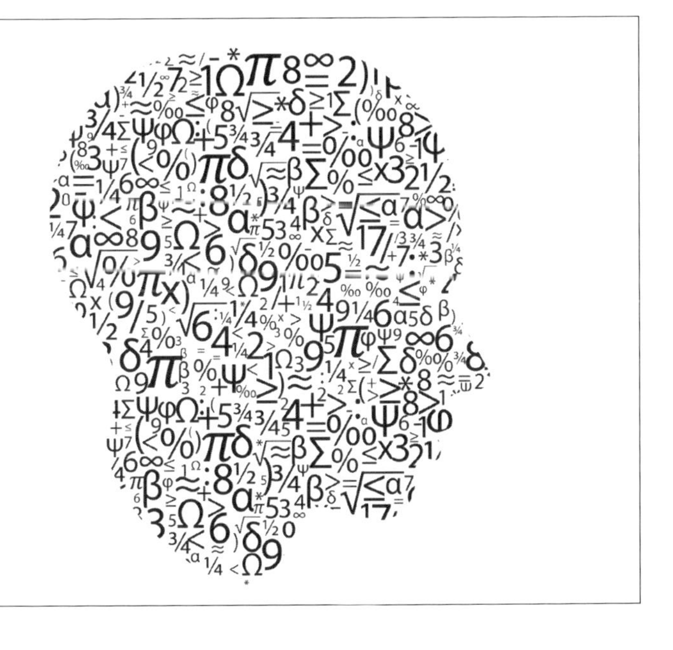

Diz a lenda que o governante da Índia ficou tão contente com o homem que inventou o jogo de xadrez que lhe ofereceu a oportunidade de escolher a recompensa. Embora pudesse requisitar riquezas de qualquer valor, o homem fez um pedido que parecia muito modesto. Ele pediu que o governante pusesse um grão de arroz no primeiro quadrado de um tabuleiro de xadrez, dois no segundo quadrado, quatro no terceiro e assim por diante, dobrando a quantidade conforme avançava pelo tabuleiro. O governante atendeu ao pedido de boa vontade, sem entender por que o homem pedira tão pouco. Isto é, até que tentou pagar a recompensa.

A pilha de grãos de arroz logo transbordou do quadrado determinado. Logo transbordou do tabuleiro, do palácio e, finalmente, de toda a Índia. Quando chegou ao último quadrado do tabuleiro, o governante precisava de 2^{63} grãos de arroz. Isso é $2 \times 2 \times 2 \times 2 \times \ldots$ 63 vezes, ou mais ou menos 9.200.000.000.000.000.000 grãos de arroz. Exatamente quanto espaço isso ocuparia depende do tipo de arroz usado. Se fosse arroz agulha, com grãos de 7 mm de comprimento, a fila de grãos teria quase sete anos-luz de comprimento. Isso é quase o caminho de ida e volta até Alfa Centauri, ou ida e volta do Sol 215.000 vezes.

Crescimento exponencial

Qualquer padrão de crescimento que dependa do aumento por uma proporção e não por uma quantidade fixa se acelera rapidamente. Gabor Zovanyi, professor de planejamento urbano da Eastern Washington University, afirma que, se a humanidade tivesse começado com um único casal dez mil anos atrás e aumentado 1% ao ano (meio complicado no começo, mas não importa), hoje faríamos parte de uma bola maciça de carne com muitos milhares de anos-luz de diâmetro que se expandiria com uma velocidade radial que, desprezando a relatividade, seria muitas vezes maior do que a velocidade da luz. Isso não é nada atraente. A sequência de Fibonacci de coelhos que não param de se multiplicar é outro exemplo de crescimento populacional exponencial que chegaria muito mais depressa ao estágio de bola maciça de carne (peluda).

Somos todos aparentados?

Podemos retroceder também nos estudos populacionais.

Cada pessoa tem dois pais, quatro avós, oito bisavós e assim por diante, voltando no tempo. Como o número de ancestrais aumenta em potências de 2, não vai demorar muito para você ter tantos ancestrais quanto habitantes do planeta no tempo em que nossos ancestrais estariam vivos. Se supusermos vinte anos para uma geração — o que hoje pode ser meio curto, mas sem dúvida não era no passado —, só precisaríamos retornar a 1375 para ter mais de quatro bilhões de ancestrais. Mas só havia uns 380 milhões de pessoas em 1375.

A PROFECIA QUE PROVOCA SEU CUMPRIMENTO

A lei de Moore, batizada com o nome do físico americano Gordon Moore, um dos fundadores da Intel, afirma que o número de transístores de um circuito integrado dobrará a cada dois anos. Geralmente, simplifica-se isso dizendo que o poder de processamento dos computadores dobrará a cada dois anos.

A lei, declarada em 1965, tem sido corroborada até agora, cinquenta anos depois. Ela se tornou um desafio para o setor e a existência de uma meta ajudou-a a se cumprir. Moore não esperava que ela se mantivesse verdadeira durante mais de dez anos.

Em algum momento perto de 1450, havia pessoas suficientes no mundo para que cada uma delas fosse seu ancestral pelo menos uma vez — embora, naturalmente, na realidade não seja assim. Em 1375, todos eram, ao mesmo tempo, mais do que um de seus ancestrais. E todos eram mais do que um de meus ancestrais e dos ancestrais de seu vizinho...

É seu ancestral ali no chão?

Conforme os ancestrais são reutilizados, há uma rede cada vez mais complexa de relações. É o chamado "colapso genealógico", que acontece, por exemplo, quando primos se casam e seus filhos têm menos de oito bisavós. O colapso genealógico é comum em comunidades pequenas e em grupos de elite, como a realeza.

Joseph Chang, estatístico de Yale, calculou que, além de certo ponto, todo mundo que viveu naquela época e teve descendentes é ancestral comum de todas as pessoas que vivem na mesma comunidade hoje. Na Europa, esse ponto aconteceu por volta de 600 d.C., ou seja, todos os europeus não imigrantes descendem do sacro imperador romano Carlos Magno (e de muito mais gente). Desde então, os achados estatísticos foram confirmados pela análise extensa do DNA dos europeus.

Se recuarmos mais e chegarmos a 3.400 anos atrás, todos que tiveram descendentes foram ancestrais comuns de todas as pessoas vivas na Terra (em teoria). Isso significa que você é parente da rainha Nefertiti do Antigo Egito.

Quer um empréstimo?

Os números não precisam dobrar para crescer muito depressa.

Os aumentos proporcionais são conhecidos da maioria de nós por meio das taxas de juros. Elas funcionam a seu favor se você estiver poupando, mas contra você se teve de fazer um empréstimo. Os bancos e financeiras usam um sistema de juros compostos. Isso significa que os juros sobre uma dívida ou poupança são somados à quantia original no fim de um período (dia, mês, ano) e, então, a taxa de juros é aplicada ao total. Suponhamos que você deposite mil dólares a uma taxa de juros anual de 3%. Com que rapidez o dinheiro vai crescer?

	Saldo inicial	Juros	Saldo final
1º ano	$ 1.000,00	$ 30,00	$ 1.030,00
2º ano	$ 1.030,00	$ 30,90	$ 1.060,90
3º ano	$ 1.060,90	$ 31,83	$ 1.092,73
4º ano	$ 1.092,73	$ 32,78	$ 1.125,51
5º ano	$ 1.125,51	$ 33,77	$ 1.159,27
6º ano	$ 1.159,27	$ 34,78	$ 1.194,05
7º ano	$ 1.194,05	$ 35,82	$ 1.229,87
8º ano	$ 1.229,87	$ 36,90	$ 1.266,77
9º ano	$ 1.266,77	$ 38,00	$ 1.304,77
10º ano	$ 1.304,77	$ 39,14	$ 1.343,92
...			
25º ano			$ 2.093,78

A razão para a taxa de juros ser tão importante para poupadores (e tomadores de empréstimos) é que mudá-la faz uma diferença enorme nesses números:

Capital	Taxa de juros	10 anos	25 anos
$1.000	1%	$1.104,62	$1.282,43
$1.000	3%	$1.343,92	$2.093,78
$1.000	5%	$1.628,89	$3.386,35
$1.000	8%	$2.158,92	$6.848,48
$1.000	10%	$2.593,74	$10.834,71

Um ano no início não vale tanto quanto um ano no fim. A 10%, os primeiros dez anos geram 1.593,74 para o poupador, mas os quinze anos seguintes não geram quinze vezes isso — eles geram 8.240,97, ou cerca do quíntuplo. É por isso que políticos e contadores aconselham a começar a poupar cedo para a aposentadoria.

Pague pela velhice

Se você puser mil dólares num fundo de pensão de vinte anos e se aposentar 45 anos depois, sem ter pago mais nada e ganhado 3% de juros no período, você terá 3.781,60 dólares quando se aposentar. Mas, se pagou mil dólares por ano durante 45 anos, ainda com taxa de juros de 3%, você terá 95.501,46 quando se aposentar. Se conseguisse 10% de juros, você teria 790.795,32 dólares para se aposentar, o que começa a parecer respeitável — ainda mais para um investimento de 45.000 dólares.

Dia a dia

Tudo bem se você tiver dinheiro para guardar; e se você estiver na outra ponta do espectro econômico? Se tiver de recorrer a um agiota, você acabará pagando uma quantia astronômica em juros, porque dessa vez as quantias funcionam contra você.

Por exemplo, se você tomou um empréstimo de 400 libras para pagar em 30 dias a uma taxa de 0,78% ao dia, terá de pagar 487,36 libras — as 400 originais mais 87,36 de juros. A razão de ser tanto dinheiro é que a taxa de juros — atraentes 0,78% — é cobrada todo dia, e assim o principal cresce. A taxa de juros efetiva para o ano todo é de 284%.

E se você só tomasse 50 libras emprestadas de um amigo por uma semana e dissesse que lhe pagaria um café? Seria um bom negócio? Evita o empréstimo a ser deduzido do salário. Mas um café custa 2 libras, que equivalem a 4% por semana — ou 208% ao ano. Se pegasse 50 libras emprestadas no banco a 10% (ao ano, não por semana nem por dia), você só pagaria 10 *pence* em juros.

CAPÍTULO 26

Quanto Você Bebeu?

Uma das ferramentas mais importantes da matemática foi desenvolvida por um alemão preocupado com quanto tinha bebido.

Em 1613, o astrônomo e matemático alemão Johannes Kepler estava prestes a se casar com a segunda esposa. Ele encomendou um barril de vinho para comemorar. Por ser esperto e matemático, ele indagou o método que o mercador de vinho usava para medir o volume do barril e assim calcular o preço.

Rolem os barris!

O mercador enfiava uma varinha num buraco do barril deitado de lado e media o comprimento que cabia dentro. Isso lhe dava o diâmetro do barril — mas no ponto mais largo. O volume calculado a partir da área transversal do barril multiplicada pela altura superestima o volume real, porque o barril é mais estreito nas pontas. Como não gostava de ser enganado, tendo de pagar por vinho que não receberia nem por não receber vinho que pagara, Kepler decidiu achar um jeito melhor de medir o volume do barril.

Fatias infinitesimais

O método que ele encontrou se chama método "infinitesimal". Ele imaginou o barril cortado em fatias finíssimas, empilhadas uma em cima da outra. Cada fatia é um cilindro, mas de altura muito pequena. As fatias cilíndricas têm área diferente em cada seção, com as do meio maiores do que as da ponta. É claro que cada cilindro ainda tem lados inclinados, e a face redonda de um lado é levemente maior do que a face oposta. Mas, se as fatias forem finíssimas, a diferença entre as duas se torna pequena — infinitesimal, se forem suficientemente finas — e pode ser desprezada.

Ladeira escorregadia?

O método de Kepler logo foi substituído pelo cálculo diferencial, desenvolvido no século XVII tanto por Isaac Newton quanto pelo filósofo alemão Gottfried Leibniz.

Newton e Leibniz (separadamente) estavam menos interessados em vinho do que na inclinação de uma reta ou curva. Eles partiram dos infinitesimais: é claro que a inclinação de uma curva continua mudando e que você pode calcular a inclinação de qualquer pedacinho da curva para mostrar a inclinação local. No diagrama abaixo, tornar a linha **ab** cada vez mais curta faz sua inclinação se aproximar cada vez mais da inclinação da curva em **a**.

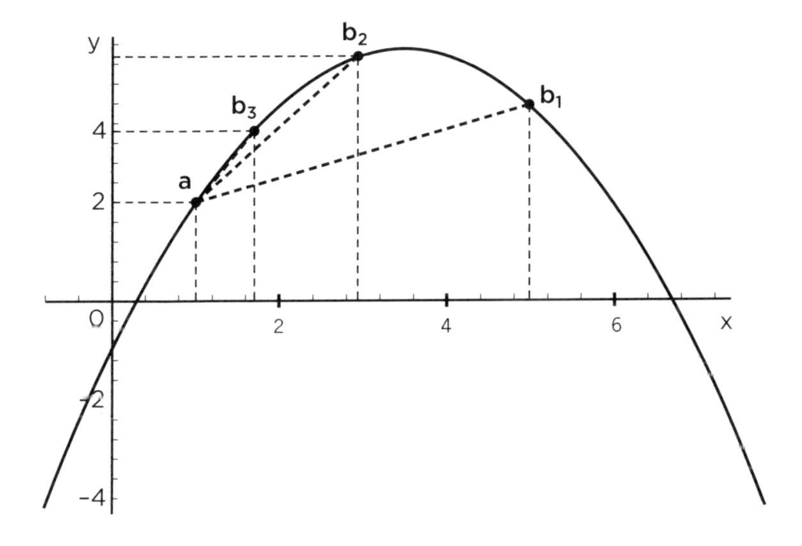

Vejamos uma função simples, f(2x). O gráfico será uma linha reta (ver à direita).

A inclinação é a mesma na linha toda. Na verdade, a inclinação é 2 em 1, ou 2, porque o valor do eixo y (vertical) aumenta 2 unidades a cada aumento de 1 unidade no eixo x (horizontal); esse é um gráfico de $y = 2x$.

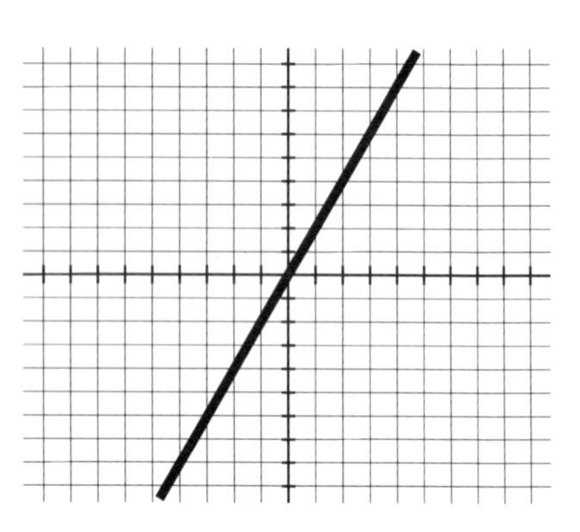

Mudar a função acrescentando uma constante não muda a inclinação: o gráfico da função $f(2x + 3)$ é o mesmo, só que com a linha num ponto diferente dos eixos, porque agora $y = 2x + 3$ e está 3 unidades mais alto no eixo y em cada ponto (ver abaixo).

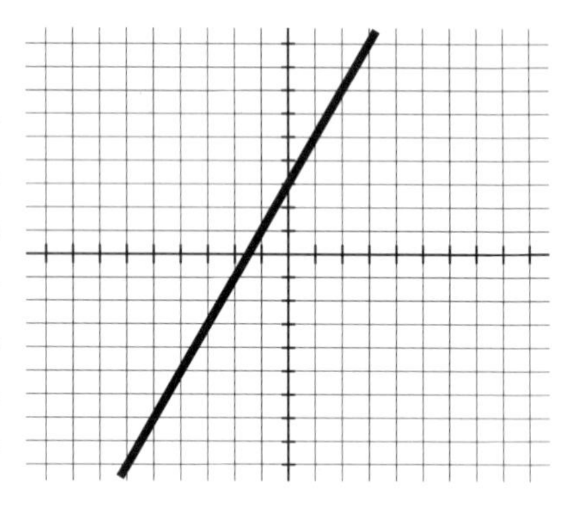

É claro que a constante pode ser ignorada no cálculo da inclinação.

Se agora traçarmos o gráfico da função $f(x^2)$, teremos uma parábola (ver ao lado). Ela tem uma inclinação variável.

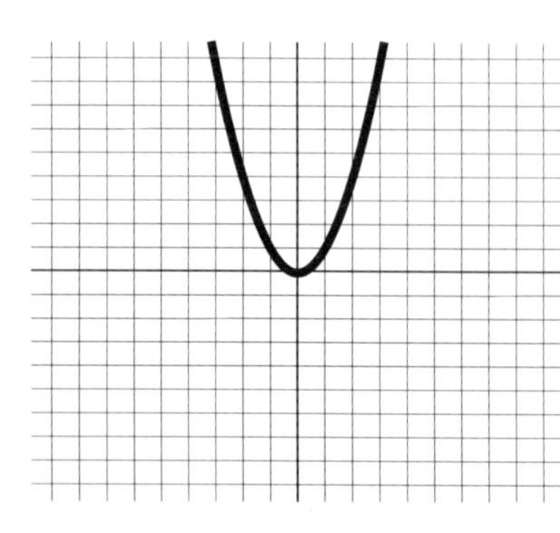

No caso, em qualquer ponto desse gráfico, a inclinação é $2x$ — como Newton e Leibniz descobriram.

Newton e Leibniz descobriram que, para encontrar a inclinação do gráfico de $f(x)$, precisamos:

(a) multiplicar cada instância de x por seu próprio expoente (potência) e
(b) reduzir o expoente original em 1 em cada caso.

Isso é mais fácil de entender com um exemplo. Na função

$$x^3 - x^2 + 4x - 9$$

O expoente de x^3 é 3 e o expoente de x^2 é 2.

x^3 se torna $3x^2$ (porque multiplicamos por 3 e reduzimos o expoente em 1, e $3 - 1 = 2$).

x^2 se torna $2x$ (porque multiplicamos por 2 e reduzimos o expoente em 1, e $2 - 1 = 1$).

$4x$ se torna 4 (porque multiplicamos por 1 e reduzimos o expoente em 1, e $1 - 1 = 0$, então x só tem o valor "1" em todos os casos).

1 desaparece: as constantes (números sozinhos sem "x") sempre desaparecem, porque não têm expoente de x.

Uma declaração geral disso é que x^n se torna nx^{n-1}

Depois disso tudo, $x^3 - x^2 + 4x - 9$ se torna

$$3x^2 - 2x + 4$$

Esse é um resultado poderoso. Se quisermos saber a inclinação no ponto em que $x = 3$, podemos calcular substituindo x por 3 na função diferenciada:

$$f(x^2)$$
$$f'(x^2) \text{ é } 2x$$

Para $x = 3$, a inclinação é $2 \times 3 = 6$

FUNÇÃO

Uma "função" é qualquer operação que recebe informações sob a forma de números e produz um resultado. Uma função é indicada como f( ), com as instruções da operação entre os parênteses. Assim, a função $f(x^2)$ significa "pegue o número x e eleve ao quadrado", e a função f(2x) significa "dobre o número x".

É claro que, na verdade, um único ponto não pode ter inclinação. A inclinação calculada é a da tangente à curva traçada nesse ponto:

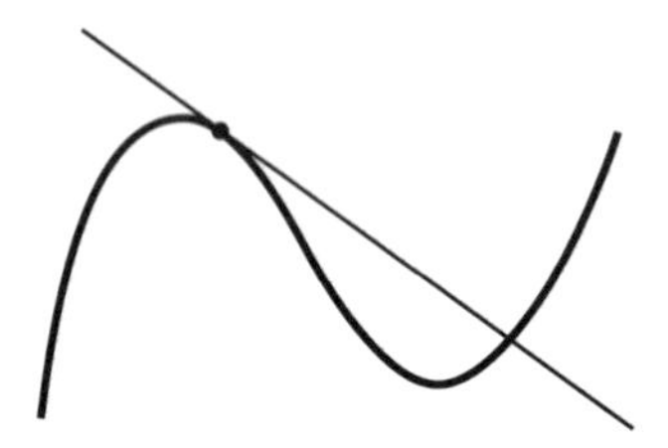

O método é o mesmo, inclusive com funções complicadas.

$f(x^3 - x^2 + 4x - 9)$
$f'(x^3 - x^2 + 4x - 9)$ é $3x^2 - 2x + 4$

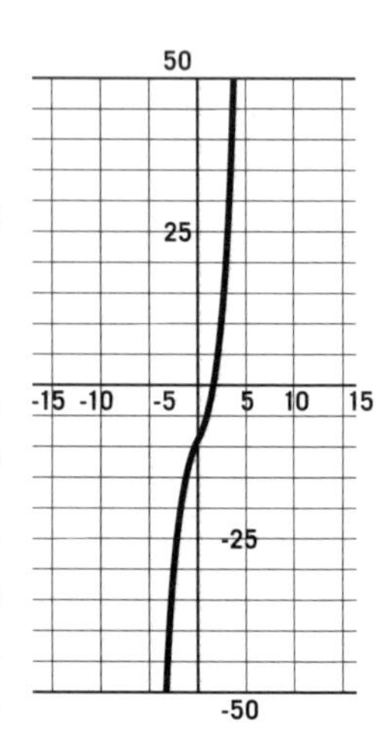

No ponto em que x = 2, a inclinação é $(3 \times 2^2) - (2 \times 2) + 4 = 12$

Conhecer a inclinação de um gráfico pode nos dar informações úteis. Por exemplo, no gráfico da distância em relação ao tempo de um objeto que se move, a inclinação nos dá a velocidade em que o objeto avança. Qualquer função que possa ser expressa como uma razão ou divisão pode ser relacionada com a inclinação de um gráfico. Se traçarmos os preços no tempo, a inclinação nos mostra a taxa de aumento ou redução dos preços (inflação).

Tudo sob a curva

Enquanto a diferenciação nos dá um modo de medir a inclinação de uma curva, a *integração* é um modo de calcular a área sob a curva. Dessa vez, imagine a área sob a linha cortada numa miríade de colunas fininhas. Se somarmos a área de todos os retângulos, poderemos calcular a área total aproximada.

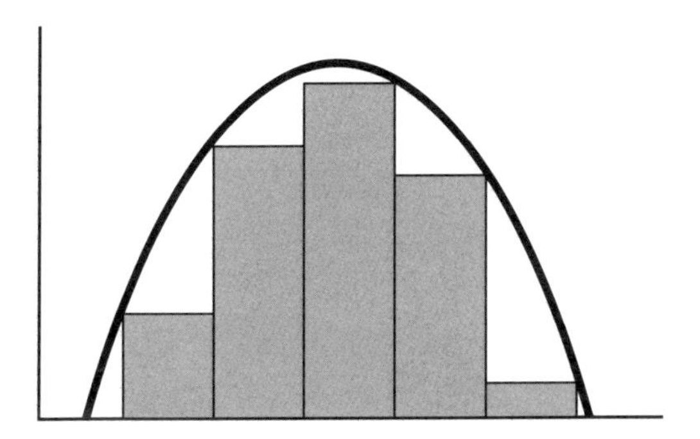

Quanto mais estreitos os retângulos, melhor a estimativa da área:

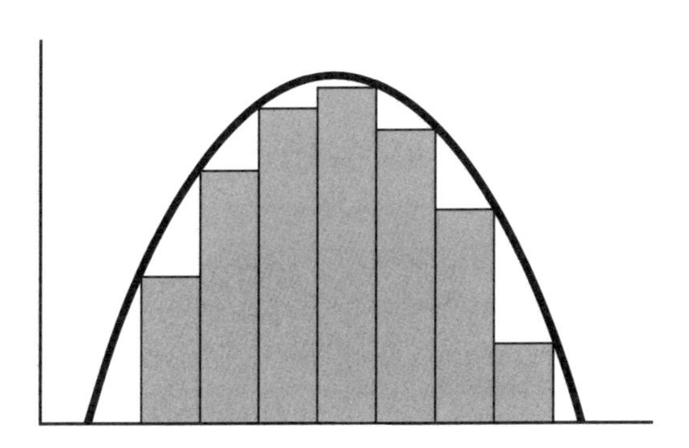

Se pudéssemos fazer as fatias infinitamente finas, conseguiríamos calcular a área exata. É isso que a integração busca fazer.

DIFERENCIAÇÃO

O que chamamos de diferenciação, Isaac Newton chamava de "método dos fluxões". O produto da diferenciação se chama função diferenciada ou derivada. Uma função de x é escrita como f(x), e a função diferencial, como f'(x).

Na verdade, a integração é o oposto da diferenciação. Se pegarmos o produto da diferenciação e o integrarmos, obtemos a função original (com uma pequena diferença).

Assim, diferenciar

$$x^3 - x^2 + 4x - 9$$

dá

$$3x^2 - 2x + 4$$

e integrar

$$3x^2 - 2x + 4$$

dá

$$x^3 + x^2 - 4x + c$$

onde *c* é uma constante desconhecida. Não podemos dizer qual era a constante na função original depois que ela foi diferenciada.

A integração só está desfazendo a diferenciação. Podemos pensar nela como a antidiferenciação. Diferenciar x^n nos dá nx^{n-1}, e integrar nx^{n-1} nos dá x^n.

Se quisermos integrar x^n, invertemos o processo de diferenciação: temos de dividir pelo expoente e elevar o expoente em 1 unidade:

$^1/_n\, x^{n+1}$ (porque estamos desfazendo nx^{n-1})

Isso significa que a integral de x é $\frac{1}{2}x^2$ e a integral de x^2 é $\frac{1}{3}x^3$. A integração é indicada por um "s" comprido chamado sigma:

$\int$

A declaração "encontre a integral de $3x^2 - 2x + 4$" se escreve assim:

$\int 3x^2 - 2x + 4\, dx$

O "*dx*" no fim mostra que são os "x" que estão sendo trabalhados. Se usasse a letra t em vez de x, a função terminaria com "*dt*".

$\int 3t^2 -2t + 4\, dt$

Se integrarmos

$\int 3x^2 - 2x + 4\, dx$

teremos

$x^3 - x^2 + 4x + c$

(Não esqueça a constante!)

Muitos gráficos podem continuar para sempre e têm sob si uma área infinita. Não podemos calcular a área inferior se não especificarmos o pedaço do gráfico que nos interessa. Para isso, nós o cortamos em dois valores diferentes de x (ou da variável que estivermos usando).

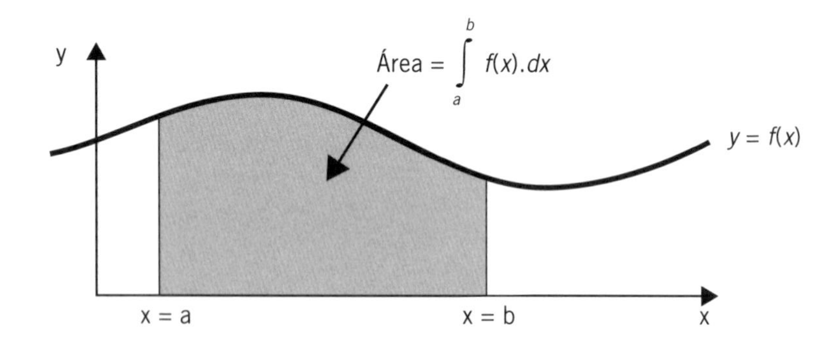

Para mostrar o pedaço que estamos usando, pomos os limites superior e inferior (isto é, os pontos de corte) no alto e embaixo do símbolo de integração:

$\int^5 2\,x\,dx$

Isso significa "encontre a área da curva entre x = 2 e x = 5".

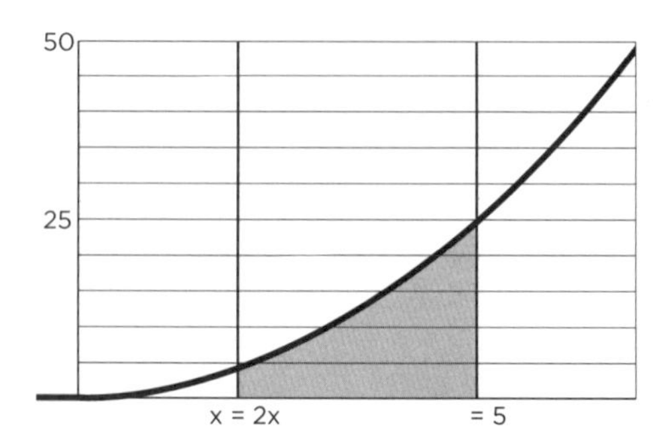

Para descobrir, pegamos o resultado (chamado "integrando"):

$\int 2x\, dx = x^2 + c$

e calculamos a área primeiro para x = 5, depois para x = 2, depois subtraímos uma da outra (o "*c*" vai se cancelar):

para $x = 5$; $x^2 + c = 25 + c$

para $x = 2$; $x^2 + c = 4 + c$

Assim, a área sob essa porção do gráfico é

$(25 + c) - (4 + c) = 19$

Como sair do buraco

Lembra-se do paradoxo de Aquiles e da tartaruga? A dificuldade surge de dividir tempo e distância em porções cada vez menores — infinitesimais. Mas é exatamente isso que o cálculo diferencial e integral faz. A solução do problema dessa incompatibilidade entre o mundo real, no qual áreas, linhas, volumes e tempo são contínuos e não uma coleção de infinitesimais discretos, veio no século XIX. Em 1821, o matemático francês Augustin-Louis Cauchy (ao

"O [cálculo] é a linguagem de Deus."

Físico americano Richard Feynman (1918-1988)

lado) reformou o modo de apresentar o cálculo para que ele se tornasse apenas teórico. Em vez de brigar com o modo de pular a lacuna invisível entre os infinitesimais, ele disse que isso não era necessário; a matemática é uma lei em si e não precisa imitar nem se relacionar com a realidade.

Talvez fosse mais justo dizer que a realidade não tem de imitar a matemática, já que a realidade que conhecemos é de continuidades, e se a matemática não consegue modelá-la de forma satisfatória, o problema é da matemática, não da realidade.

Finalmente, depois de 2.300 anos, Aquiles pode ultrapassar a tartaruga.

CRÉDITOS DAS FIGURAS

Corbis: 84
Getty Images: 81
123RF: 22 (fixer00), 118 (Cienpies Design), 148 (designua), 172 (pitris), 174 (Christophe Testi)
Shutterstock: 7 (Maciek Baran), 15 (Yummyphotos), 16 (Everett Historical), 23 (Anthonycz), 25 (Shaiith), 31 (Dragana Gerasimoski), 33 (Incredible—movements), 38 (creativex), 39 (Victeah), 41, 51, 54 (Marzolino), 56 (pavila), 63 (Tatiana—Kost), 65 (Asmus Koefoed), 70 (bikeriderlondon), 79 (Jason Winter), 85 (Sergey Nivens), 93 (Zsschreiner), 95 (Paul Wishart), 99 (polygraphus), 107 (Prospective56), 117 (Curly Pat), 125 (KsanasK), 126 (Actor), 126 (Toponium), 129 (cynoclub), 139 (daniaphoto), 149 (TonTonic), 151 (James Clarke), 152 (Mr. Green), 156 (Milos Bekic), 157 (Apatsara), 158 (KUCO), 165 (Adam Gregor), 167 (Anatolii Vasilev), 172 (Igor Zh.), 175 (Ray49), 183 (Nata789), 189 (Everett Historical), 191 (joingate), 205 (Krizek Vaclav), 211 (Kuda), 220 (Dragana Gerasimoski), 222, 227 (sbko), 237 (alfaori)
Diagramas de David Woodroffe e Ray Rich: 13, 14, 27, 42, 46, 57, 59, 82, 101, 102, 104, 108, 110, 111, 114, 115, 116, 118, 119, 120, 212, 122, 123, 125, 126, 131, 132, 135, 136, 145, 163, 170, 207, 209, 210, 212, 213, 209, 230, 232, 232, 233, 236
Diagramas e tabelas adicionais de Michael Reynolds: 26, 32-3, 41, 42, 43, 59, 70-71, 77, 134, 142, 154, 188, 189, 198, 223, 224

GRÁFICA PAYM
Tel. [11] 4392-3344
paym@graficapaym.com.br